Der Rassestandard für den Havaneser

Rute
Hoch getragen, entweder in Form eines Krummstabs oder vorzugsweise über dem Rücken gerollt

Hinterhand
Gute Knochenstruktur, mäßige Winkelung

Farbe
Es gibt zwei Farbvarietäten, selten reinweiß, falbfarben oder weiß und falbfarben bis havanafarben mit schwarzen Flecken

Größe
Widerristhöhe 23 bis 27 cm mit einer Toleranz von 21 bis 29 cm

Havaneser

Zoila Portuondo Guerra

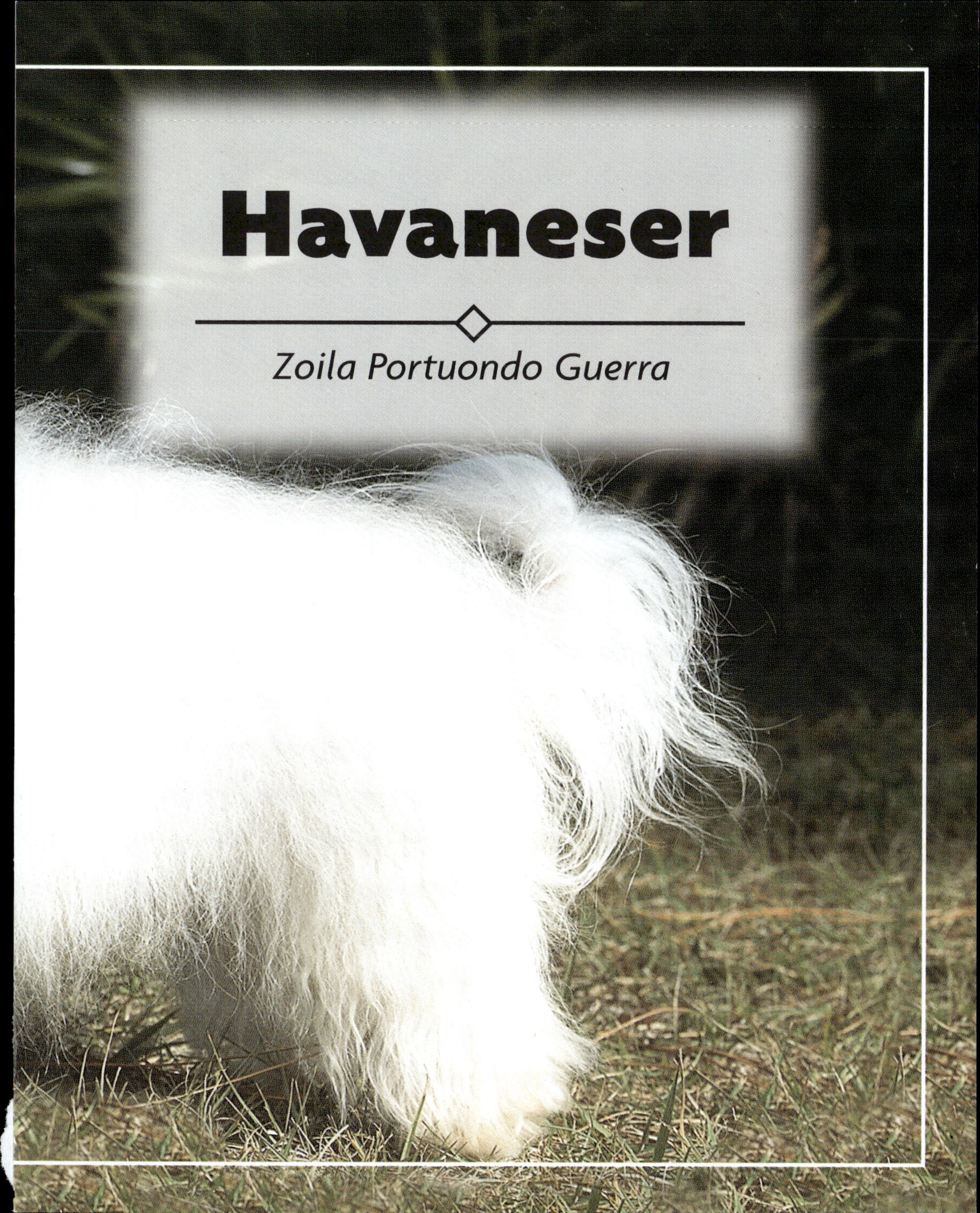

Inhaltsverzeichnis

Havaneser

Zoila Portuondo Guerra

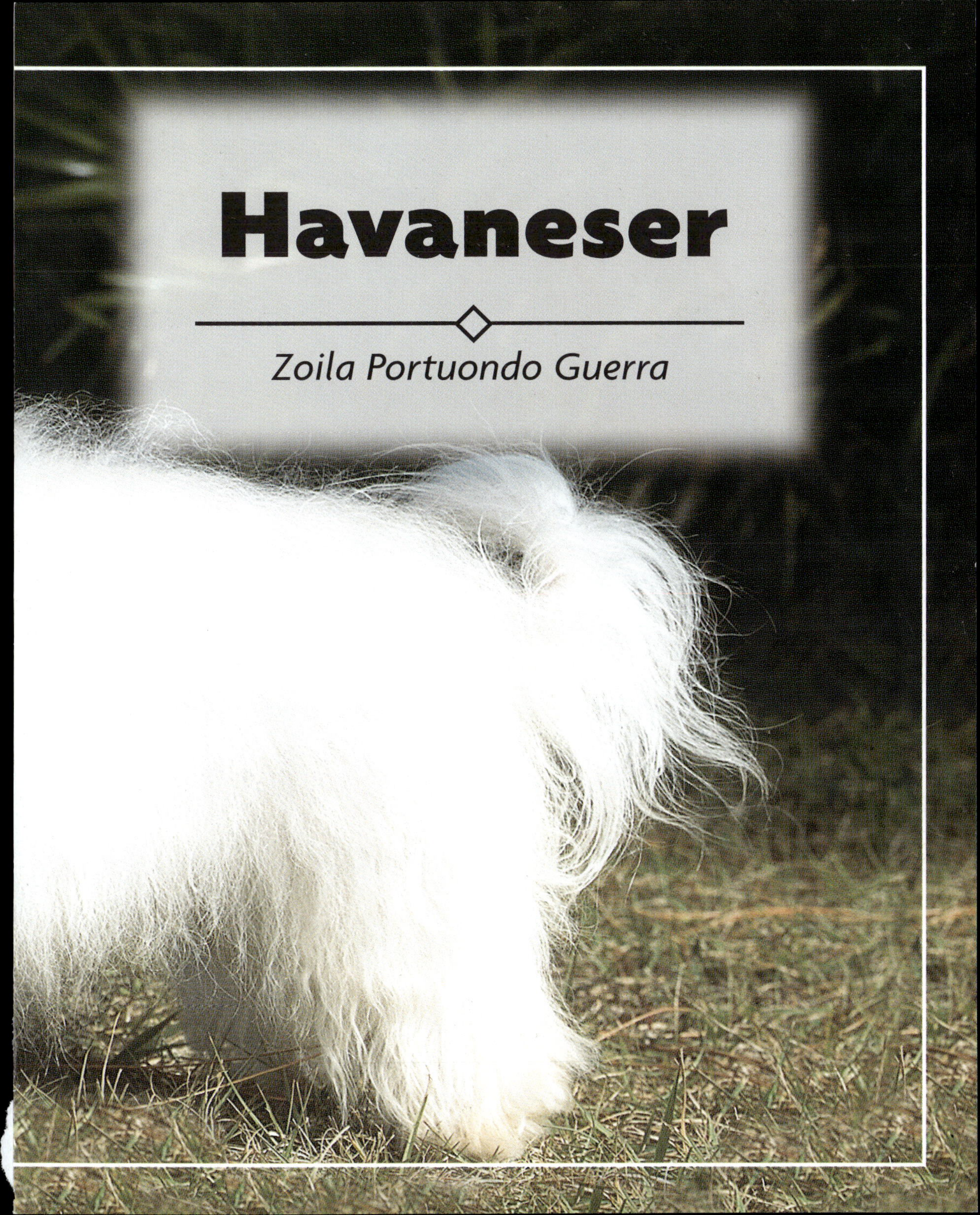

Inhaltsverzeichnis

Tägliche Pflege Ihres Havanesers

Ausführliche und genaue Erklärungen über Themen wie Futterart und -menge, Erziehung, Reisen mit dem Hund und Methoden der Kennzeichnung. Intensiv wird auch über die Pflege des Hundes – insbesondere die Fellpflege – gesprochen.

Fotonachweis:

Herbert R. Axelrod
Norvia Behling
Carolina Biological Supply
Sandra Block
Doskocil
Isabelle Francais
Tony George
Zoila Potuondo Guerra
James Hayden-Yoav
James R. Hayden, RBP
Alice van Kempen
Dwight R. Kuhn
Dr. Dennis Kunkel
Mikki Pet Products
Phototake
Jean Claude Revy
Nikki Sussman
Theo von Sambeek
C. James Webb

Illustrationen Renée Low

Erziehung und Training des Havanesers

von Charlotte Schwartz

Verstehen Sie wie wichtig die Erziehung Ihres Havanesers ist und lernen Sie Schritt für Schritt Möglichkeiten der Grunderziehung sowie fortgeschrittene Trainingsmethoden kennen.

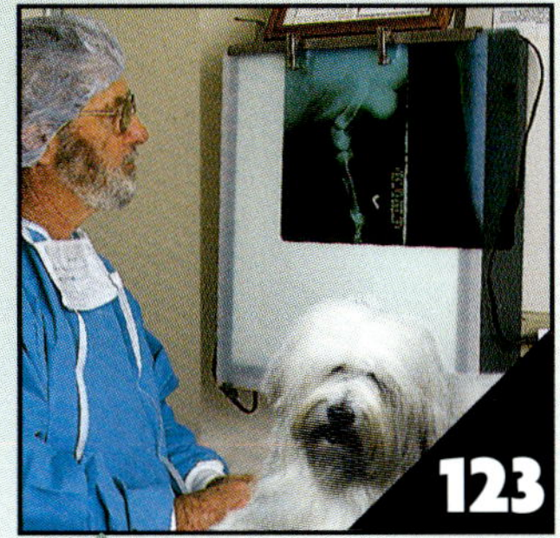

Die Gesundheit Ihres Havanesers

von Dr. Herbert R. Axelrod

Die Wahl eines Tierarztes, die Versorgung Ihres Hundes in allen Bereichen, wie zum Beispiel Impfung, Vorsorge, Hautprobleme, Parasiten und der häufigsten medizinischen Probleme, der Rasse.

Mit dem Havaneser zur Ausstellung

Sie lesen alles über die Ausstellungswelt der Hunde, verschiedene Typen von Schauen und den Werdegang eines Champions. Außerdem erhalten Sie Informationen über Wettbewerbe, Agillity und mehr.

Ein flauschiges Wunder aus Havanna. Der Havaneser gehört zu der Familie der Bichons, die sich bis in die Renaissance zurückverfolgen lassen.

Die Geschichte des Havanesers

Die Bichon-Familie

Bevor Sie die Geschichte des Havanesers lesen sollten Sie wissen, daß diese Hunderasse zur Familie der Bichons gehört. Diese sind bereits seit vielen Jahrhunderten in ganz Europa bekannt.

Das französische Wort Bichon bedeutet „flauschiger Hund" und es wird vermutet, daß es sich um eine Ableitung vom Wort Barbichon oder „bärtig" handelt. Vermutlich ist es verwandt mit dem französischen Wort Barbet, welches eine alte Art von Wasserspaniels, ähnlich dem Pudel, bezeichnet. Von diesem stammen alle Bichons der Welt ab. Im Laufe der Zeit wurde der Ausdruck Bichon ein Synonym für einen Hund, der überall mit langen Haaren bedeckt und besonders menschbezogen ist. In kynologischen Kreisen wird der Ausdruck Bichon für eine Gruppe von Hunderassen benutzt, die allesamt auf gemeinsame Vorfahren zurückzuführen sind. Bichonartige Hunde haben eine lange Ahnenreihe. Es gibt Hinweise darauf, daß sie bereits im alten Griechenland bekannt waren. Einige Jahrhunderte später tauchten sie in allen Ländern rund um das Mittelmeer auf und wurden während der Renaissance in Europa sehr modern. Im 15. und 16. Jahrhundert wurden sie, durch die Expansion des spanischen Weltreichs, welches zu diesem Zeitpunkt Mitteleuropa beherrschte, in andere Teile der Welt gebracht. Die Spanier eroberten und kolonialisierten mit Hilfe ihrer Flotte sowohl große Teile der neuen Welt als auch Teile von Asien und Afrika. Man sagt, daß Charles V, Habsburgs heiliger römischer Eroberer, König von Spanien, über ein Imperium gebot, das so groß war, daß die Sonne darüber niemals unterging.

Im Gegensatz zu vielen anderen Bichonartigen kommt der Havaneser in vielen Farben und Farbkombinationen vor, die alle zugelassen sind. Dies ist Tammylan Marti.

Durch diese Ausbreitung von Bichons über große Teile der Welt während des 16. Jahrhunderts haben wir heute eine Anzahl von unterschiedlichen und klar auseinander zu haltenden Hunderassen. In einigen Ländern wurden die Bichons mit ähnlichen Hunderassen gekreuzt und ihre Nachkommen wurden zu neuen Hunderassen, mit eigenen Rassekennzeichen. Unterschiedliche Kulturen und Geschmäcker produzierten unterschiedliche Hunde, wie beispielsweise die folgenden Hunderassen.

Der Malteser
Sein langes weißes Fell hängt an jeder Körperseite glatt herunter. Die Widerristhöhe beträgt nicht mehr als 25 cm. Diese Hunderasse wurde bereits 200 v. Chr. unter dem lateinischen Namen *Canis Melitaeus*, welcher sich auf die Insel Malta oder die sizilianische Stadt Melita bezogen haben könnte, beschrieben. Der Malteser kam fast ausschließlich in Italien vor. Er ist der kleinste der Bichons und wiegt weniger als 7 Pfund, meist nur 4 bis 6 Pfund (2 bis 3 kg).

Bichon Frisé
Er ist ausschließlich weiß und etwas größer als der Malteser. Sein Fell ist gewellt oder lockig und am Körper anliegend. Die Spuren des Maltesers gehen zurück zum Bichon Teneriffe der Kanarischen Inseln. Der Bichon Frisé wurde in Belgien und Frankreich rein gezüchtet. Wie der Malteser ist er bei vielen Bewunderern auf der ganzen Welt beliebt, nicht nur in seinem Ursprungsland. Die Rasse ist

Dieser Havaneser-Familienhund namens Fama wurde in Kuba fotografiert. Obwohl er nicht dem Rassestandart entspricht wie viele Ausstellungshunde , haben auch die Familienhunde, ein wunderbares, liebevolles Wesen.

Der Malteser wird zu den beeindruckendsten und hübschesten Hunderassen gezählt. Sein seidiges, bodenlanges Fell fällt reich über den 2 bis 3 kg schweren Körper.
Dies ist ein amerikanischer Champion-Malteser.

Im Welpenalter sind sich die Bichon-Rassen erstaunlich ähnlich. Dieses schneeweiße Trio besteht aus Maltesern; die dunkle Pigmentierung der Augenlider und des Nasenspiegels entwickelt sich bereits.

Im Gegensatz zum Havaneser, der auch im Ausstellungsring mit „natürlichem" Fell vorgestellt wird, zeigt sich dieser Malteser in bodenlangem, perfekt gepflegtem Haarkleid.

mittelgroß und wird in England als Toyrasse angesehen, in Amerika jedoch nicht. Die Widerristhöhe soll 23 bis 27 cm betragen.

Die lockige Bichon-Variante, der Bichon Frise ist die bekannteste Bichon-Rasse in England, Frankreich und Belgien. Er ist der größte in der Bichon-Familie.

Der Bologneser

Etwas quadratischer als die anderen Bichons zeigt sich der Bologneser in flockigem Fell. Er wurde nach der Gegend benannt, in der er zuerst seine Spuren hinterließ, Bologna in Italien. Wie der Malteser und der Bichon Frisé ist der Bologneser ein einfarbig weißer Hund ohne Abzeichen irgendwelcher Art. Er wird bis zu 30 cm hoch.

Löwchen

Das Löwchen ist ein kleiner quadratischer Hund, der in verschiedenen Farben auftritt. Um das Erscheinungsbild eines Löwen zu erhalten wird sein Fell geschoren. Hierdurch erhielt diese Hunderasse den Namen Löwchen. Er wurde im 16. Jahrhundert in Deutschland, Frankreich und Spanien bekannt und muß heute als seltene Hunderasse angesehen werden, obwohl immer noch Liebhaber auf beiden Seiten des Atlantiks existieren. Wie der Havaneser kommt das Löwchen heute in vielen Farben vor, nicht

Die schneeweiße Puderquaste, die wir Bichon Frise nennen. Er hat einen großen Kopf, leicht gerundet, mit Ringen um die Augen. Von allen Bichon-Rassen hat dieser Hund den beeindruckendsten Kopf.

Der Bichon Frise ist eine weitere Hunderasse die von einer Insel stammt, in diesem Fall von den Kanarischen Inseln.

nur im traditionellen weiß. Die Größe beträgt 27 bis 30 cm, das Gewicht 8 bis 18 Pfund.

Coton de Tulear

Dieser wenig bekannte Bichon aus Madagaskar entwickelte sich aus dem selben Stamm Bichons von der Insel Teneriffa, aus denen auch der Bichon Frisé herausgezüchtet wurde. Coton ist das französische Wort für Baumwolle und beschreibt den erwünschten Felltyp. Der Coton de Tulear wurde von der FCI erst 1970 anerkannt obwohl die Rasse bereits im 17. Jahrhundert bei den französischen Adeligen sehr beliebt war. Die Hunde werden 25 bis 30 cm hoch. Die Farbe ist hauptsächlich weiß, kann jedoch champagnerfarbene Abzeichen an Kopf und Körper zeigen. Selten fallen auch Welpen in schwarz-weiß.

Ursprung des Havanesers

Der Havaneser stammt aus Kuba als Abkömmling einer früheren Hunderasse, die als Blanquito de la Habana, bekannt war. Dieser weiße Hund mit einem „geografischen“ Nachnamen kam unzweifelhaft aus dem berühmten Hafen, der jahrhundertelang von Schiffen mit Mannschaften aus der ganzen Welt angelaufen wurde. Auch die spanischen Handelswaren, Menschen und Bräuche wurden in Havanna willkommen geheißen. Der Havaneser belebte die Wohnungen adeliger Kubaner während des 18. und 19. Jahrhunderts. Zu Beginn des 20. Jahrhunderts wurde der Havaneser wegen des Wandels von Geschmack, Mode, Inter-

Der Coton de Tulear ist eine französische Bichon-Art, die von der FCI und dem englischen Kennel Klub anerkannt wurde.

Das Löwchen ist ein Bichon, dessen Schur an einen Löwen erinnert.

Portugiesische Wasserhunde stammen von denselben Vorfahren ab, wie der weltbekannte Pudel. Er zeigt sehr viel Ähnlichkeit mit dem Pudel, zum Beispiel das wasserdichte Fell.

Dieser Havaneser lebt auf Kubas größter Tabakplantage, die dem weltbekannten Alejandro Robaina gehört, der einzigen lebenden Person, nach der eine Zigarre benannt ist. Die Robaina Vega war bereits 1845 in Havanna bekannt. Hier besucht Dr. Herbert Axelrod Senior Robaina und seinen Havaneser

essen und politischen Einflüssen aus den Herrenhäusern verdrängt, jedoch bereitwillig in einfachen Haushalten akzeptiert.

Um zu verstehen, wie dies geschieht, müssen wir einen genaueren Blick auf die Geschichte werfen. Als die Spanier nach Kuba kamen brachten sie verschiedene Hunde mit, die ihnen während des Kolonialisierungsprozesses wichtig waren: Mastiffs, spanische Bluthunde und Greyhounds. Dies waren große starke Hunde, die jagen, Eigentum schützen und, wenn nötig, kämpfen konnten. Sie waren jedoch nicht die einzigen spanischen Hunderassen und nachdem die Eroberungsperiode sich in ein mehr oder weniger stabiles Leben in den Kolonien gewandelt hatte, begannen die Spanier, kleinere Begleithunde zur Bereicherung des Familienlebens, mitzubringen.

Der Bichon war ein modischer Schoßhund während der Renaissance in Europa, vielleicht auch schon etwas eher. Er war „sehr klein, sehr niedlich und intelligent, mit Haaren so weich wie Seide, gezüchtet von Damen und Adeligen zu ihrer Unterhaltung, durch die Kunststückchen und Spiele, die sie schnell und leicht lernen konnten“. Diese Beschreibung erscheint in Victor Manuel Patinios Plantas Cultivadas y Animales Domésticos en la América Equinoccial.

Dieser Hund kam auf einer Insel wie Kuba, die

Gegenüberliegende Seite: Als Welpen sehen alle Bichons traumhaft flauschig aus.

Eine kubanische Briefmarke zeigt die kubanische Hunderasse, den Havaneser.

von Spanien während der ersten zwei Jahrhunderte der Kolonialisierung extrem isoliert war, gerade recht. Die Reise nach Kuba konnte bis zu sechs Monaten dauern. Die Kubaner wollten natürlich die feinen europäischen Sitten übernehmen. In dieser Zeit hielt Spanien ein starkes Handelsmonopol gegenüber Kuba und es ist wahrscheinlich, daß die ersten Schoßhunde direkt aus Spanien oder über Spanien aus anderen Ländern auf die Insel kamen. Sowohl wegen dieses Monopols als auch wegen der Versuche anderer eurpäischer Mächte, den Reichtum Amerikas zu erringen, führte Kuba einen Freihandel mit französischen, englischen und holländischen Piraten. Durch diesen Handel erhielten beide Seiten - Piraten und Kolonialisten - viele Waren, die sie auf legale Weise nicht bekommen konnten. Es ist nicht warscheinlich, daß so auch einige Schoßhunde nach Kuba kamen, besonders gegen Ende des 17. Jahrhunderts.

All dies führt zu dem Schluß, daß der Ursprung des Havanesers zurück auf die spanischen Wasserhunde und bichonartigen Schoßhunde zurückgeht, wiewohl andere spanische Hunde ähnlichen Typs eine Rolle gespielt haben könnten. Der Bichon, der von Europa nach Kuba gebracht wurde, gewöhnte sich an das Klima und die Ernährung auf der Insel ebenso wie an die Gebräuche und Geschmäcker ihrer Einwohner. Vermutlich kam es durch diese Bedingungen zur Zucht eines anderen Hundes, kleiner als seine Vorfahren, mit völlig weißem Fell von seidiger Struktur, besser angepaßt an die Vorlieben und luxuriösen Lebensumstände seiner neuen Züchter. Dieser Hund war der Blanquito de la Habana.

Viele Geschichtsschreiber bezeichnen das frühe 18. Jahrhundert als den Zeitpunkt, an dem ein Hund, den die Briten „White Cuban“ nannten, in England mit Pauken und Trompeten empfangen wurde. Diesen Blanquito de la Habana oder Perro de Seda de la Habana (Havaneser-Seidenhund), wie er später genannt wurde, bezeichnete man fälschlicherweise als Havaneser oder Malteser, wodurch es zu einigen Mißverständnissen kam.

Obwohl zu diesem Zeitpunkt noch nicht viele Schriften in Kuba gedruckt wurden finden wir am Ende des 18. Jahrhunderts klare Hinweise darauf, daß der Blanquito de la Habana sich in den reichen Häusern von Havanna stark vermehrt hatte. Ein derartiges Schriftstück ist von der berühmten Countess of Merlin, die kubanischer Abstammung war und in Frankreich lebte. In ihrem Viaje a la Habana (Reise nach Havanna) beschreibt sie die typischen Geschenke, die sie von ihrer kubanischen Familie erhielt, bevor sie nach Frankreich zurückkehrte: „Zwei kleine Hunde, etwa 15 cm lang, mit großen runden schwarzen Augen, die durch schneeweiße lange Haare blinken, liegen in Körbchen, die mit roten Bändern verziehrt sind und erwarten die Abreise..“. Es ist erstaunlich, daß diese in Frankreich lebende Kuba-

Jahrelang wurde der Havaneser mit der früheren kubanischen Bichon-Art verwechselt, dem jetzt ausgestorbenen Blanquito de la Habana. Den heute lebenden Havaneser sollte man nicht als havanesischen Seidenhund bezeichnen. Dies ist die Autorin mit einer Hündin namens Esmeralda de la Giraldilla, ein Kubanischer Champion.

nerin, die sich in der feinen Gesellschaft von Paris und Madrid aufgehalten hat und somit Kontakt zu europäischen Schoßhunden gehabt haben muß, den Blanquito de la Habana als so ungewöhnlich und typisch für ihre Geburtsinsel ansah, daß sie ihn niemals mit einer anderen Hunderasse verglich.
Ein anderer Hinweis erscheint im „Portrait einer jungen Frau", welches 1797 von Kubas berühmtestem Maler, Vicente Escobar, dessen Modelle adelige Kubaner waren, dargestellt wird. Es zeigt eine adelige junge Frau, die einen Blanquito de la Habana in ihren Armen hält. Am Ende des 18. Jahrhunderts veröffentlichte die Papel Periódico de la Habana, die wichtigste Tageszeitung der Insel, Suchmeldungen für entlaufene Hunde und Anzeigen für Rassehunde (Edelhund war das Synonym für

den Malteser und wurde von den Kubanern regelmäßig und fälschlich ebenfalls für den Havaneser benutzt). Außerdem griff eine kritische Zeitung von 1800, El Regañon de la Habana, die Lebensgewohnheiten der Reichen wie beispielsweise das stundenlange Baden und Kämmen ihrer Schoßhunde, kräftig an.

Drei edle Hunde begründeten eine neue Mode in der Hundewelt. Viele Jahre lang wurde der Havaneser in Kuba fälschlicherweise als Malteser bezeichnet.

Im 18. Jahrhundert verfestigten sich die kubanischen Sitten und Gebräuche. Dies geschah, obwohl nach wie vor viele Kubaner europäische Sitten und neue Moden mit erstaunlichem Erfolg nachahmten. Es wurde behauptet, daß die Oberschicht in Havanna sich kleidete und vergnügte wie die Oberschicht in Madrid, London oder Paris. Ebenso gab es in Havanna Gastspiele der berühmten europäischen Theater und Opern, natürlich nur für die Reichen. Gleichzeitig formten die Lebensumstände auf der Insel, das Klima und auch andere, durch den starken Unterschied zum Kontinent bestehende Faktoren, einen eigenen kubanischen Charakter, der sich grundlegend vom europäischen unterschied. Natürlich betraf dieser Kulturwandel auch die Hunde. Der Blanquito de la Habana war, wie jede andere Hunderasse, ein eindeutiges Produkt des Geschmacks und der Kultur seiner Züchter, welche ihren Stempel auf ihr Zeitalter und ihre Lebensumstände drückten. Sie bevorzugten einen kleinen weißen Hund mit langem seidigem Haar und extrem liebevollem und lebhaftem Charakter.

Der Diccionario Enciclopédico Hispano-americano, der 1894 herausgegeben wurde, beschreibt den Havaneser wie folgt: „Der kleine

Havaneser Hund *Canis vellerosus,* existiert in Havana, er ist kleiner (als der Malteser) und trägt ein flauschiges, lockiges, langes weißes Haarkleid von seidiger Textur. Die Exemplare, die nach Europa gebracht wurden, haben sich als unfähig erwiesen, den Klimawechsel über längere Zeit zu vertragen".

Zum Schluß hören Sie noch die Beschreibung des Blanquito, die von dem spanischen Autor Alejandro Bon in El Perro gegeben wurde: „Er ist ein echter Schneeball, oder, um es besser auszudrücken, ein Ballen weißer Seide mit einer schwarzen Nase und lebhaften klaren Augen, die beinahe hinter dem langen Stirnhaar versteckt sind. Er ist sehr klein und wiegt nicht mehr als 2 1/2 kg. Weil sein langes Fell bis auf den Boden fällt sind seine Füße unsichtbar und er scheint sich ohne ihre Mithilfe fortzubewegen. Sein Schwanz ist wie eine Chrysantheme, sehr flauschig, über dem Rücken und zu einer Seite getragen. Er hat einen lebhaften intelligenten Charakter und obwohl er sehr an seinen Besitzer gebunden ist, kann er manchmal auch unabhängig erscheinen. Dieser Hund braucht eine besondere Pflege und regelmäßige Bäder um gesund zu bleiben".

J. Brouwer Etchecopar, ein Pionier kynologischer Studien auf Kuba, schrieb folgende Abhandlung in Razas Caninas: „Es gibt eine Menge Unstimmigkeiten betreffend den Blanquito Cubano. Nach Lloyd handelt es sich um eine Kreuzung zwischen einem deutschen oder französischen Toypudel und einem Malteser, aber größer als dieser und mit Haaren, die bis zum Boden reichen. Der Name Malteser führt ebenfalls zu Verwirrung, da der Hund in der Hauptstadt von Kuba mit diesem Namen bezeichnet wird, während er in anderen europäischen Ländern entweder als Havaneser oder Blanquito de la Habana bekannt ist und wir waren bis jetzt nicht in der Lage, diese Unstimmigkeiten zu beseitigen".

Als mehr und mehr europäische Sitten in Kuba im 19. Jahrhundert übernommen wurden, schlossen die Kubaner Bekanntschaft mit deutschen und französischen Pudeln, die mit dem bereits existierenden Blanquito gekreuzt wurden, um den heutigen Havaneser zu züchten. Hier ist es Esmeralda de la Giraldilla, (Besitzer Merita Batista und Annia Barroso), auf einem Foto vor einem Schloß in Havanna.

Das einzige Problem hier ist nur, daß Lloyd und Etchecopar nicht mehr über den Blanquito de la Habana sprechen, sondern bereits über den Bichon Havanese und obwohl sie beide zur Bichon-Familie gehören sind ihre charakteristischen Kennzeichen sehr unterschiedlich.

Als Spanien das Handelsmonopol in Kuba beendete begann die Insel

Gegenüberliegende Seite: Der Pudel war an der Entstehung vieler anderer Hunderassen beteiligt. Kein Wunder, man muß ihn als Krönung von Mode, Eleganz und Kraft ansehen, abgesehen von seinem prächtigen Fell und dem menschenfreundlichen Wesen.

Bei der Entwicklung des Havanesers war der Blanquito de la Habana stärker beteiligt als der Pudel.

die Vorteile ihrer privilegierten Lage zu nützen. Einwanderer kamen auf die Insel, um den fruchtbaren Boden zu bearbeiten und ihre Waren zu verkaufen. Zum Beispiel die Franzosen, besonders jene, die bis jetzt in den französischen Kolonien von Santo Domingo und Haiti gelebt hatten. Als dort die Revolution ausbrach emigrierten Tausende von französischen Siedlern nach Kuba und brachten nicht nur ihren Reichtum, sondern auch ihre Kultur und ihren Lebensstil, zu dem natürlich ihre Hunde gehörten.
Pudel, die eigentlich aus Deutschland stammten, jedoch von Frank-

reich adoptiert waren, wurden im 19. Jahrhundert in Kuba bekannt. Einige von ihnen könnten mit den französischen Einwanderern gekommen sein, aber ihre Vorfahren können ebenso aus Deutschland oder Spanien nach Kuba gelangt sein, da diese Länder eine direkte Verbindung zu der Rasse hatten.
Mit der Ankunft einer größeren Zahl von Pudeln in Kuba begann die Veränderung des Blanquito de la Habana. Es ist nicht verwunderlich, daß die kreolischen Landbesitzer von diesen neuen Hunden geradezu überwältigt waren und es als vorteilhaft ansahen, sie mit ihrer bisherigen Hunderasse zu kreuzen; vielleicht mit dem Gedanken, die Größe des Blanquitos zu erhöhen und Variationen in seine Fellfarbe zu bringen. So erschien nach und nach eine neue Hunderasse in Kuba: der Havaneser.
Der Havaneser ist somit ein Resultat aus der Verbindung zwischen Blanquitos de la Habana mit Pudeln, im 19. Jahrhundert. Es ist wichtig, bei dieser Verbindung zu bemerken, daß der Bichon-Typ unverändert blieb. Tatsächlich haben kubanische Pudelzüchter große Schwierigkeiten, den rechteckigen Körperbau und die kurzen Beine des Bichons aus ihrer Zucht zu entfernen. Diese Merkmale wurden nicht nur durch die genetischen Gegebenheiten, sondern auch durch den traditionellen kubanischen Geschmack, der einen rechteckigen Hund vorzog, in der Rasse gefestigt.
Auf jeden Fall ist der Havaneser vor allem (und jeder anderen Hypothese, die seinen Ursprung betrifft, zum Trotz), die Summe einer großen Anzahl von Vorfahren - genau wie die Kubaner selbst. Der Havaneser ist die kubanische Interpretation des Bichon-

Havaneser Hund *Canis vellerosus,* existiert in Havana, er ist kleiner (als der Malteser) und trägt ein flauschiges, lockiges, langes weißes Haarkleid von seidiger Textur. Die Exemplare, die nach Europa gebracht wurden, haben sich als unfähig erwiesen, den Klimawechsel über längere Zeit zu vertragen".

Zum Schluß hören Sie noch die Beschreibung des Blanquito, die von dem spanischen Autor Alejandro Bon in El Perro gegeben wurde: „Er ist ein echter Schneeball, oder, um es besser auszudrücken, ein Ballen weißer Seide mit einer schwarzen Nase und lebhaften klaren Augen, die beinahe hinter dem langen Stirnhaar versteckt sind. Er ist sehr klein und wiegt nicht mehr als 2 1/2 kg. Weil sein langes Fell bis auf den Boden fällt sind seine Füße unsichtbar und er scheint sich ohne ihre Mithilfe fortzubewegen. Sein Schwanz ist wie eine Chrysantheme, sehr flauschig, über dem Rücken und zu einer Seite getragen. Er hat einen lebhaften intelligenten Charakter und obwohl er sehr an seinen Besitzer gebunden ist, kann er manchmal auch unabhängig erscheinen. Dieser Hund braucht eine besondere Pflege und regelmäßige Bäder um gesund zu bleiben".

J. Brouwer Etchecopar, ein Pionier kynologischer Studien auf Kuba, schrieb folgende Abhandlung in Razas Caninas: „Es gibt eine Menge Unstimmigkeiten betreffend den Blanquito Cubano. Nach Lloyd handelt es sich um eine Kreuzung zwischen einem deutschen oder französischen Toypudel und einem Malteser, aber größer als dieser und mit Haaren, die bis zum Boden reichen. Der Name Malteser führt ebenfalls zu Verwirrung, da der Hund in der Hauptstadt von Kuba mit diesem Namen bezeichnet wird, während er in anderen europäischen Ländern entweder als Havaneser oder Blanquito de la Habana bekannt ist und wir waren bis jetzt nicht in der Lage, diese Unstimmigkeiten zu beseitigen".

Das einzige Problem hier ist nur, daß Lloyd und Etchecopar nicht mehr über den Blanquito de la Habana sprechen, sondern bereits über den Bichon Havanese und obwohl sie beide zur Bichon-Familie gehören sind ihre charakteristischen Kennzeichen sehr unterschiedlich.

Als Spanien das Handelsmonopol in Kuba beendete begann die Insel

Als mehr und mehr europäische Sitten in Kuba im 19. Jahrhundert übernommen wurden, schlossen die Kubaner Bekanntschaft mit deutschen und französischen Pudeln, die mit dem bereits existierenden Blanquito gekreuzt wurden, um den heutigen Havaneser zu züchten. Hier ist es Esmeralda de la Giraldilla, (Besitzer Merita Batista und Annia Barroso), auf einem Foto vor einem Schloß in Havanna.

Gegenüberliegende Seite: Der Pudel war an der Entstehung vieler anderer Hunderassen beteiligt. Kein Wunder, man muß ihn als Krönung von Mode, Eleganz und Kraft ansehen, abgesehen von seinem prächtigen Fell und dem menschenfreundlichen Wesen.

die Vorteile ihrer privilegierten Lage zu nützen. Einwanderer kamen auf die Insel, um den fruchtbaren Boden zu bearbeiten und ihre Waren zu verkaufen. Zum Beispiel die Franzosen, besonders jene, die bis jetzt in den französischen Kolonien von Santo Domingo und Haiti gelebt hatten. Als dort die Revolution ausbrach emigrierten Tausende von französischen Siedlern nach Kuba und brachten nicht nur ihren Reichtum, sondern auch ihre Kultur und ihren Lebensstil, zu dem natürlich ihre Hunde gehörten.

Pudel, die eigentlich aus Deutschland stammten, jedoch von Frank-

Bei der Entwicklung des Havanesers war der Blanquito de la Habana stärker beteiligt als der Pudel.

reich adoptiert waren, wurden im 19. Jahrhundert in Kuba bekannt. Einige von ihnen könnten mit den französischen Einwanderern gekommen sein, aber ihre Vorfahren können ebenso aus Deutschland oder Spanien nach Kuba gelangt sein, da diese Länder eine direkte Verbindung zu der Rasse hatten.

Mit der Ankunft einer größeren Zahl von Pudeln in Kuba begann die Veränderung des Blanquito de la Habana. Es ist nicht verwunderlich, daß die kreolischen Landbesitzer von diesen neuen Hunden geradezu überwältigt waren und es als vorteilhaft ansahen, sie mit ihrer bisherigen Hunderasse zu kreuzen; vielleicht mit dem Gedanken, die Größe des Blanquitos zu erhöhen und Variationen in seine Fellfarbe zu bringen. So erschien nach und nach eine neue Hunderasse in Kuba: der Havaneser.

Der Havaneser ist somit ein Resultat aus der Verbindung zwischen Blanquitos de la Habana mit Pudeln, im 19. Jahrhundert. Es ist wichtig, bei dieser Verbindung zu bemerken, daß der Bichon-Typ unverändert blieb. Tatsächlich haben kubanische Pudelzüchter große Schwierigkeiten, den rechteckigen Körperbau und die kurzen Beine des Bichons aus ihrer Zucht zu entfernen. Diese Merkmale wurden nicht nur durch die genetischen Gegebenheiten, sondern auch durch den traditionellen kubanischen Geschmack, der einen rechteckigen Hund vorzog, in der Rasse gefestigt.

Auf jeden Fall ist der Havaneser vor allem (und jeder anderen Hypothese, die seinen Ursprung betrifft, zum Trotz), die Summe einer großen Anzahl von Vorfahren - genau wie die Kubaner selbst. Der Havaneser ist die kubanische Interpretation des Bichon-

Schoßhundes, der in Europa während der Renaissance beliebt war. Wie der Blanquito de la Habana vor ihm war der Havaneser bis zum Beginn des 20. Jahrhunderts das Haustier der Aristokratie, als nor-

Diese unwiderstehliche Hündin, Sandra Blocks „Brilliance Belissima", wurde in Deutschland gezüchtet. Sie könnte nicht hübscher sein.

damerikanischer Einfluß eine Änderung der „Hunde-Mode" hervorrief. Von diesem Zeitpunkt an war der Havaneser nicht mehr das beliebte Maskottchen der Reichen, sondern wurde der angebetete Freund der Großstädter.
Weil er weiterhin der bevorzugte Hund der kubanischen Familien blieb, wurde er während des gesamten 20. Jahrhunderts in Kuba als Schoßhund weitergezüchtet. Der Charakter des Havanesers, so ähnlich dem seiner Besitzer, die leichte Erziehbarkeit, die außerordentliche Intelligenz und sein hübsches Fell dies alles trug zur ununterbrochenen Popularität der Hunderasse als Familienbegleithund bei. Während des letzten Viertels des 20. Jahrhunderts ist jedoch die Zucht in Kuba bemerkenswert angestiegen und der Havaneser ist nicht länger ein Begleithund, sondern ein geschätzter Ausstellungshund, der große Erfolge wegen seiner Anmut und fröhlichen Ausstrahlung verzeichnet. Auf den allgemeinen Hundeausstellungen in Kuba 1993 und 1994 gewannen zwei Havaneser die Titel Reserve-Best in Show und Bester Junghund in Show. Ein anderer Hund dieser Rasse gewann 1997 den Titel Best in Show auf der allgemeinen Hundeausstellung in Havanna.
Während beinahe einem Jahrhundert wurde der Havaneser in seinem Eltern-Klub, dem Cuban Club of the Bichon Havanese (CCBH) geführt. Offiziell gegründet von der Autorin im Jahre 1991, unterzog sich der CCBH einem rigorosen genetischen Programm, um den Havaneser rein zu erhalten. Unter dem Zwingernamen „de la Giraldilla", einem Symbol für Havanna, wurde Zuchtgeschichte gemacht. Der CCBH ist Mitglied der Federación Cinológica de Cuba, der wiederum zur Fédération Cynologique International gehört. Die Popularität dieser Rasse wächst in ihrem Ursprungsland Kuba beständig, wo die Ausbreitung in seltsamem Gegensatz zur Seltenheit des Havanesers in der restlichen Welt steht.

Der Havaneser in Amerika

Kuba und die Vereinigten Staaten unterhielten während der ersten Hälfte des 20. Jahrhunderts eine enge Verbindung. Bedenkt man die Anzahl von Kubanern, die wäh-

Ein berühmter Havaneser-Rüde aus Finnland ist Cikitita Uno Gizmo im Besitz von Sandra Block aus Deutschland. Havaneser haben sich sowohl in Kuba als auch auf dem Kontinent als exzellente Ausstellungshunde bewiesen. Foto: Roberto

end der Kolonialzeit in den Vereinigten Staaten lebten und danach das Bestehen einer amerikanischen Botschaft auf der Insel, war der Havaneser wahrscheinlich bereits zur Jahrhundertwende oder sogar noch früher im Norden bekannt. Nichts desto Trotz begann die systematische Zucht des Havanesers in den Vereinigten Staaten erst um 1970.
Nach der sozialistischen Revolution in Kuba, in den 60er Jahren, wanderten viele Kubaner von der Insel in den Süden der Vereinigten Staaten und andere nahe gelegene Länder wie Puerto Rico und Costa Rica aus. Einige von ihnen nahmen ihre Hunde mit, natürlich auch den Bichon Havanese als lebende Erinnerung an ihr Geburtsland. Mit der Zeit begannen diese kubanischen Einwanderer ihre Kultur und ihre Sitten in ihr neues Heimatland einzubringen, besonders in Florida, wo sich der größte Teil der kubanischen Flüchtlinge niederließ. Durch die vielen Einwohner aus Kuba wurde der Einfluß ihrer Gebräuche und ihres Lebensstils, auf die amerikanische Gesellschaft größer, als jemals zuvor. Wenn man heute Florida besucht, ist dieser Einfluß sowohl in der Kultur als auch in der Sprache deutlich festzustellen.
Durch diesen Einfluß kubanischer Kultur hörte eine amerikanische Züchterin namens Dorothy Goodale von der Existenz des Havane-

Dieser fröhliche Havaneser ist ein amerikanischer Begleit- und Ausstellungshund.

sers. Angezogen und fasziniert von ihm begann Mrs. Goodale mehr Informationen über diese Hunderasse zu sammeln, von der sie niemals vorher gehört hatte. Sie fand, daß diese Hunde eine Alternative zu den großen Hunden darstellten, die sie gezüchtet hatte, als sie jünger war. In einer Zeitung in Miami gab sie eine Anzeige auf, um Vertreter dieser kleinen Hunderasse zu finden und durch diese Anzeige fand sie zwei oder drei Einwanderer-Familien, die ihre Bichons aus Kuba in die Vereinigten Staaten mitgenommen hatten. Von ihnen konnte Mrs. Goodale sechs Havaneser mit Stammbaum erwerben, eine Hündin mit vier weiblichen Welpen und einen jungen, mit diesen Hündinnen nicht verwandten Rüden. Etwas später konnte sie fünf weitere Rüden von einem Kubaner erwerben, der von Costa Rica nach Texas zog und seine Hunde nicht mitnehmen konnte.

Als erfahrene Züchterin begann Mrs. Goodale ihre Arbeit mit den elf vorhandenen Bichons und behielt ständig den, von der FCI veröffentlichten Standard, im Auge. Ihre erste Havaneser-Nachzucht erschien 1974 und wurde sofort von anderen Züchtern begehrt. 1979 gründete Dorothy Goodale mit ihrem Mann Bert und einer Gruppe Gleichgesinnter den „Havanese Club of America“ für die Menschen, die einen Bichon Havanese besitzen oder züchten wollten. Im Jahre 1991 kündigte der United Kennel Club in den Vereinigten Staaten seine Anerkennung des Havanesers an und akzeptierte alle Hunde, die die Goodales registriert hatten. Auch der Havanese Club of America wurde 1996 vom American Kennel Club anerkannt. In der Zwischenzeit teilte sich der ursprüngliche Klub. Dorothy Goodale und einige ihrer Freunde formierten sich als Original „Havanese Club of America“, während die andere Gruppe als „Havanese Club of Amerika“ weiterarbeitete. Bei der Entwicklung ihrer Hava-

Die wachsende Beliebtheit des Havanesers in Amerika kann mit der einzigartigen Persönlichkeit, der guten Gesundheit und dem hervorragenden Aussehen der Rasse erklärt werden.

Der Havaneser wird seit Mitte der 70er Jahre in Amerika gezüchtet. Nachdem viele Kubaner in die Vereinigten Staaten auswanderten wuchs das Interesse am Havaneser. Dieses „Havaneser-Mädchen" ist zum Ausgehen bereit.

neser-Linien folgte Goodale dem FCI-Standard von 1963, der die Rasse als kubanisch anerkannt hatte. Aber im Laufe der Zeit stellte sie fest, daß es nötig sei, diesen Rassestandard zu modifizieren und begann damit. Nun gab es in den Vereinigten Staaten zwei Standards. Den des Original „Havanese Club of America" und den des „Havanese Club of America" (der wahrscheinlich nach der Aufspaltung des Klubs geschrieben wurde). Die Standards sind sich sehr ähnlich und sehr nah am kubanischen Standard. Die FCI und der „Englische Kennel Club" haben jeder einen eigenen Standard.
Im Laufe der Zeit stieg die Anzahl der Bichons in den Vereinigten Staaten und die Züchter begannen, Hunde nach Europa zu exportieren. Heute ist der Havaneser in den meisten europäischen Ländern bekannt und gewinnt schnell an Popularität; sowohl wegen seiner Seltenheit als auch wegen der Qualitäten, die ihn nicht nur zu einem hübschen Ausstellungshund, sondern auch zu einem exzellenten Begleiter und Wachhund machen. Man sollte jedoch bemerken, daß die Reproduktion des Havanesers außerhalb von Kuba in gewisser Weise die Homogenität und den korrekten Typ geschwächt hat. Schließlich begann die Zucht in den Vereinigten Staaten mit einem sehr kleinen Genpol und dieser blieb auch weiterhin sehr klein durch die Unmöglichkeit, Hunde aus Kuba zu erhalten, der wirklichen Basis der Rasse und deren grenzenlosem Genpol.

Die in den Vereinigten Staaten gezüchteten Havaneser unterscheiden sich deutlich von den heutigen kubanischen Hunden, obwohl der Typ sich im letzten Jahrzehnt stark gefestigt hat.

Diese Geschichte des Havanesers in den Vereinigten Staaten endet trotzdem positiv, denn die Rasse ist nun durch den AKC anerkannt, welcher die Leit-Institution für Zuchthunde in den Vereinigten Staaten darstellt.

Rechts: Der französische Barbet ist eine pudelähnliche Rasse mit ergebener Anhängerschaft auf dem Kontinent. Der Barbet wird als Vorfahre des Pudels bezeichnet und ist wahrscheinlich eine der ältesten französischen Hunderassen.

Charakteristik des Havanesers

Die Familie wächst, Sie haben jetzt einen Havaneser! Sie haben sich also entschieden, daß Sie einen Hund haben wollen. Vielleicht wissen Sie bereits, was das bedeutet, vielleicht auch nicht.

Zweifelsfrei ist der Havaneser einer der liebenswürdigsten Begleithunde. Ein Havaneser lebt für jedes Ihrer Worte.

Wenn Sie niemals eins dieser entzückenden Tiere hatten, müssen Sie wissen, daß ein Hund von Ihnen viel Aufmerksamkeit und Anstrengung fordert. Er muß erzogen, gebadet, gepflegt, regelmäßig entwurmt und geimpft, gelegentlich zum Tierarzt gebracht, regelmäßig ausgeführt und ständig geliebt werden. Wenn Sie nicht bereit sind, dies auf sich zu nehmen ist es sicher besser, die Anschaffung eines Hundes noch einmal zu überdenken, denn ein lebendes Tier ist kein Spielzeug. Ohne ausreichende Pflege kann es eine lästige Bürde sein, anstelle dessen, was ein Hund normalerweise sein sollte: eine Quelle der Freude, Liebe und Unterhaltung.

Gehen wir jedoch davon aus, daß Sie gewillt und vorbereitet sind und daß Sie soeben einen Havaneser „bestellt" haben. Sie werden es nicht bereuen,das versichere ich Ihnen. Der Havaneser ist erstaunlich intelligent, lebhaft, verspielt und sehr auf seine Besitzer fixiert. Er wird sofort seine Liebe zu Ihnen zeigen (auch gegenüber den Kindern) und von dem Moment an, an dem Sie ihn nach Hause bringen, einen Teil des Familienlebens darstellen.

Natürlich müssen Sie bedenken, daß dieser hübsche kleine Hund am besten zur Geltung kommt wenn sein Fell korrekt gepflegt und sein Körper und Charakter voll entwickelt sind. Ein Hund, dessen Fell schmutzig, verfilzt oder abgeschoren ist, (zur Bequemlichkeit von Besitzern, die sich nicht die Zeit für die nötige Pflege nehmen wollen), ist kein hübscher Havaneser. Mit angemessenem Futter und ausreichender Bewegung wird Ihr Hausgenosse die starken Knochen und Muskeln entwickeln, die charakteristisch für ein hübsches gesundes Tier sind.

Ohne Havaneser ist ein Haushalt nicht komplett. Nehmen Sie die Hingabe eines Havanesers nicht auf die leichte Schulter. Dieser Hund sehnt sich nach Ihrer Liebe und Beachtung.

Schließlich wird ein Hund, der überbehütete ebenso, wie einer der vernachlässigt oder sogar mißhandelt wird, entweder scheu oder aggressiv reagieren und so eine der wichtigsten Eigenschaften des Havanesers verlieren: sein angenehmes Wesen.
Sie haben eine Verantwortung übernommen, aber fürchten Sie sich nicht. Sie werden zum Dank bemerkenswerte Augenblicke erhalten und vielleicht enden Sie wie viele andere Besitzer dieser Hunderasse mit zwei, drei oder mehr Havanesern. Sie werden ebenfalls anfangen, sie allen Freunden und Verwandten zu empfehlen.

Charakteristika des Havanesers

Überlegungen vor dem Kauf

Sie können Ihren Hund verderben wenn Sie seinen relativ starken Charakter verhätscheln, dadurch nehmen Sie Ihm seine angenehme Persönlichkeit. Der Bichon Havanese ist ein geborener Hausgenosse und kann nicht im Keller oder im Zwinger gehalten werden, er braucht jedoch außerdem viel Bewegung wegen seiner Vitaltiät und Ruhelosigkeit. Verhätscheln Sie Ihren Hund nicht, überfordern Sie ihn andererseits jedoch auch nicht. Lassen Sie ihn einfach seine Entwicklung durchmachen.
Ich kenne Besitzer, die ihre Havaneser nicht ausführen. Diese Kreaturen lieben es, getragen und gehätschelt zu werden. Weil sie mit erstaunlich menschlichen und verständlichen Gesten antworten, können viele Leute ihrer bezaubernden Art nicht widerstehen und machen ihre Bichons zu Püppchen, die weder an der Leine laufen noch einen Spaziergang im Park genießen

So bezaubernd und ansprechend der Havaneser auch ist müssen Sie doch der Versuchung widerstehen, Ihren Hund zu verwöhnen, denn es ist leicht, das Wesen und die Zuverlässigkeit eines Hundes zu verderben.

können. Seien Sie stark! Lassen Sie sich nicht von der Zärtlichkeit Ihres Havanesers überrumpeln - zu Ihrem Wohl und zum Wohle des Hundes. Knuddeln Sie ihn, aber nicht ununterbrochen, damit er nicht lästig wird. Lassen Sie ihn andere Hunde und andere Menschen kennen lernen. Wenn Sie Hunde treffen, die nicht gerade aggressiv oder sehr groß sind, so daß sie eine reale Bedrohung für Ihren Bichon darstellen, behüten Sie ihn nicht vor eigenen Erfahrungen mit Seinesgleichen. Er kann für sich selbst sorgen. Wenn Sie ihn ständig beschützen, können verschiedene Probleme auftauchen. Ihr Havaneser wird scheu und unfähig, mit anderen Hunden klar zu kommen. Möglicherweise, wenn Sie einen hervorragenden Havaneser haben und sich entscheiden, ihn zur Zucht einzusetzen, werden Sie feststellen, daß er den ausgesuchten Partner aggressiv oder ängstlich zurückweist. Dies ist besonders bei Rüden zu berücksichtigen. Wenn sie von Menschen überbeschützt werden und nicht wissen, wie sie sich anderen Hunden gegenüber verhalten sollen, können sie nicht zum Decken eingesetzt werden.

Es tut einem Hund nicht gut, allein und isoliert von anderen Hunden zu leben. Auch nach Jahrhunderten der Domestikation und einer sehr engen Beziehung zum Menschen - den Ihr Hund als Teil seines Rudels ansieht - entwickelt der Hund seine Persönlichkeit nur im Zusammenspiel mit seinen Artgenossen. Darüber hinaus können andere Hunde seine Sprache verstehen und ihm so die Gelegenheit geben, sich völlig seiner Art entsprechend zu verhalten. Vielleicht errinnern Sie sich an einen Zeitpunkt, an dem Sie sich gefühlt haben wie ein Fisch außerhalb des Wassers; vielleicht in einem fremden Land, wenn Sie in einer fremden Sprache kommunizieren und sich an fremde Sitten anpassen mußten. Alles war sehr interessant aber erinnern Sie sich, wie gut es tat, als Sie nach Hause kamen und endlich wieder „normal" sprechen und sich in gewohnter Weise verhalten konnten. Dasselbe passiert Tieren, die nur mit Menschen zusammenleben. Wenn die Menschen nichts über die Sprache und die Körpersignale von Hunden wissen und versuchen, den Hunden ihre eigene Sprache beizubringen ist es noch schwieriger für die Hunde. Hunde haben Bedürfnisse, die wir als Menschen eher unterdrücken als verstehen und befriedigen. Dies kann zum Beispiel bei Welpen der Fall sein, die das Bedürfnis zu Kauen haben und wenn sie die Möbel oder Schuhe ihres Besitzers zerstören, abgegeben oder eingesperrt werden. Wir verstehen nicht, daß ein Hund sich auf diese Art verhält weil er sich allein fühlt oder weil er zahnt und kauen muß. Noch weniger verstehen wir, daß ein Welpe mit unseren Schuhen spielt, weil er den Geruch seines Besitzers liebt. Weil unsere Schuhe stark nach uns riechen fühlt sich der Hund sicher und zufrieden wenn er daran nagt während er allein ist.

Havaneser sind vorzügliche Wachhunde und Babysitter für Ihre Kinder, doch achten Sie darauf, man muß Kindern den richtigen Umgang mit dem Havaneser beibringen.

Ihr Havaneser mit seinem ganz eigenen Charakter macht dies aus gutem Grund. Sie als Besitzer müssen sich bemühen, Ihren Hund zu verstehen und seine Charaktereigenschaften anzuerkennen. Vergessen Sie nicht, daß der Bichon Havanese ein intelligenter Hund ist, der ständig bereit ist, neue Dinge zu lernen.

Die Zucht des Havanesers

Viele von uns sind so begeistert von ihrem eigenen Havaneser, daß es unumgänglich scheint, ihn zur Zucht einzusetzen „Wer würde nicht einen Havaneser, genau wie meiner, haben wollen?“ ist wohl der Gedanke, obwohl jedermann nachvollziehbare Gründe hat, seinen eigenen Hund zu lieben und zu bewundern, ist nicht jeder Hund für die Zucht geeignet.Dabei müssen Sie bedenken die Havaneserzucht ist nicht nur teuer und zeitraubend, sie kann auch gefährlich für die Mutterhündin sein.

Hundezucht ist eine Sache für Profis. Der Züchter muß sich mit den Linien, die er zur Zucht einsetzt, gut auskennen. Er muß den Rassestandard kennen und die Fehler und Vorzüge der Zuchttiere beurteilen können. Man muß wissen, wie man erwünschte Eigenschaften verstärkt und unerwünschte auskreuzt und natürlich müssen wir unseren eigenen Hunden gegenüber objektiv sein. Mit einem Wort, ein Züchter braucht ein gutes Herz und ein gu-

Geboren in Havanna! „Bebita de la Giraldilla“, Besitzerin Merita Batista, mit ihrem Wurf. Sie sehen hier, daß die Welpen blind und kurzhaarig geboren werden. Hundezucht ist eine verantwortungsvolle Aufgabe und sollte nicht leichtfertig begonnen werden.

Was könnte niedlicher sein als ein Havaneser-Welpe. Welpenaufzucht erfordert aber ständiges Engagement von Züchter und Mutterhündin.

tes Auge. Nehmen wir jedoch an, daß Sie ein Züchter werden wollen und einen Havaneser hervorragender Qualität besitzen, der es wert ist, zur Zucht eingesetzt zu werden. Ihre Hündin ist 18 Monate alt und bei ihrer dritten Läufigkeit angekommen. Außerdem haben Sie sich, bevor die Hündin läufig wurde, informiert, so daß Sie ihre körperlichen Fehler und Vorzüge sowie ihr Wesen beurteilen können. Es wäre hilfreich, wenn Sie die Wurfgeschwister Ihres Hundes sowie die Eltern und Großeltern angeschaut hätten, damit Sie eine Vorstellung von den genetischen Eigenschaften Ihres Tieres haben. Zweifelsohne nahmen Sie sich die Zeit, mehrere Rüden anzuschauen

um herauszufinden, welcher am besten zu Ihrer Hündin paßt.
Der Rüde sollte sehr maskulin sein, gut entwickelt, gesund und optimal ernährt. Er sollte lebhaft und zufrieden erscheinen. Ein scheuer nervöser Hund ist ein ungeeigneter Hund, jedenfalls in Bezug auf die Zucht. Sie dürfen nur gesunde Rassevertreter mit gutem Wesen zur Zucht einsetzen. Für Ihre Hündin sollten Sie einen Rüden wählen der zufriedenstellend oder sogar besser in den Bereichen ist, in denen die Hündin Fehler zeigt. Mit einem Wort, suchen Sie den besten Rüden, den Sie bekommen können, den, der dem Rassestandard am Nächsten kommt. Vergewissern Sie sich, daß er frei von Erbkrankheiten ist. Wenn möglich

Diese sechs Monate alte Debütantin ist „A Maiden Effort's Funny Face", Besitzerin ist die deutsche Züchterin Sandra Block.

Diese fünf Tage alten Havaneser-Welpen werden von ihrer Mutter, „Beryll", gesäugt. Besitzerin: Sandra Block

versuchen Sie, sich einige seiner Nachkommen anzuschauen, damit Sie eine Vorstellung davon bekommen, wie er vererbt. Dann und nur dann treffen Sie mit seinem Besitzer eine Verabredung zum Decken. Im Allgemeinen sind Hündinnen, die körperlich und seelisch auf die Mutterschaft vorbereitet sind, gute Vererber. Diejenigen, die ein geduldiges Wesen und eine mütterliche Ausstrahlung, kombiniert mit korrektem Körperbau haben sind die Besten. Nervöse und aufgeregte Hündinnen, besonders kleine und natürlich solche mit einem physischen Defekt sind ungeeignet.
Das ideale Alter für den ersten Zuchteinsatz liegt zwischen 15 Monaten und 3 Jahren. Das ideale Alter für die Zucht insgesamt zwischen 2 und 5 Jahren.
Der beste Weg, das Decken zu arrangieren ist, einen schriftlichen Deckvertrag zur Hilfe zu nehmen. Entweder können Sie Deckgeld bezahlen oder dem Rüdenbesitzer das Recht einräumen, einen oder mehrere der Welpen auszuwählen, abhängig von der Größe des Wurfes. Lassen Sie sich von einem erfahrenen Züchter in diesen Dingen und bei der Auswahl des Rüden beraten. Gewöhnlich fährt der Hündinnenbesitzer mit ihr zum Rüden wo alle Voraussetzungen für diesen Besuch bereits getroffen sein müssen, damit der Deckakt stattfinden kann. Das

Ein Sieg im Ausstellungsring ist die allgemein akzeptierte Art, den Zuchtwert eines Hundes einzuschätzen. Ein Havaneser-Champion wird häufig als Deckrüde in Anspruch genommen. Dieser hochprämierte Rüde ist Cikitita Uno Gizmo aus Finnland. Besitzerin: Sandra Block

heißt, sobald die Hündin läufig ist, informiert der Besitzer den Deckrüdenhalter und verabredet mit ihm den Decktag .
Der Läufigkeitszyklus von Hündinnen kehrt normalerweise zweimal im Jahr wieder. Die Symptome sind das Anschwellen der Vulva und eine Blutung, die für etwa zehn Tage anhält. Wenn die Blutung endet, ist der richtige Zeitpunkt zum Decken. Auf jeden Fall ist es am besten, den Tierarzt aufzusuchen, damit der richtige Tag zweifelsfrei festgestellt werden kann.
Der Deckort sollte ein ruhiger, abgelegener Platz sein, wo die Hunde nicht von äußeren Reizen abgelenkt werden. Zwei Deckakte an verschiedenen Tagen sind ideal. Als Hängen bezeichnet man die physische Verbindung zwischen den beiden Hunden, die zwischen 10 und 30 Minuten nicht gelöst werden kann.
Die Tragzeit dauert zwischen 59 und 64 Tagen, woran Sie schon sehen, wie wichtig es ist, den genauen Decktag zu notieren. So können Sie den wahrscheinlichen Wurftag errechnen und sich ausreichend darauf vorbereiten.
Wenn Ihre Hündin anfängt zu werfen, suchen Sie ihr einen ruhigen Platz, an dem sie allein sein kann und Sie sie beobachten können. Wenn Sie wenig Erfahrung auf diesem Gebiet haben, informieren Sie Ihren Tierarzt vor und während der Geburt. Im Allgemeinen wirft die Mutterhündin allein ohne irgendwelche Probleme. Aber ein paar Faktoren können negativen Einfluß haben, zum Beispiel: Nervosität und Aufregung durch die Besitzer, Lärm

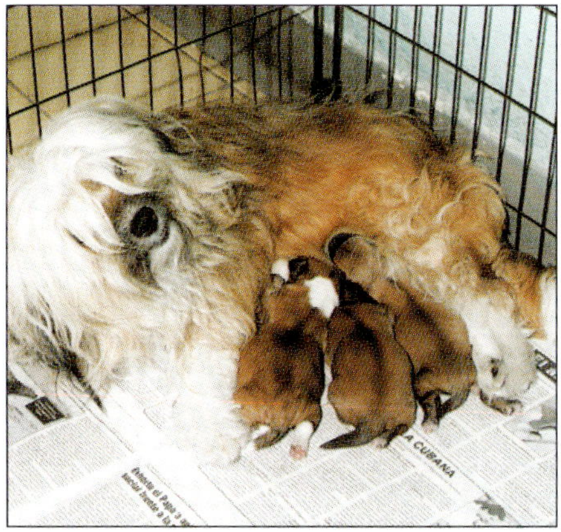

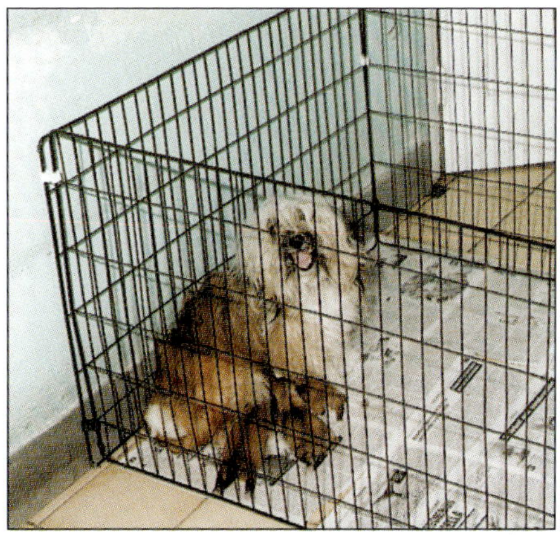

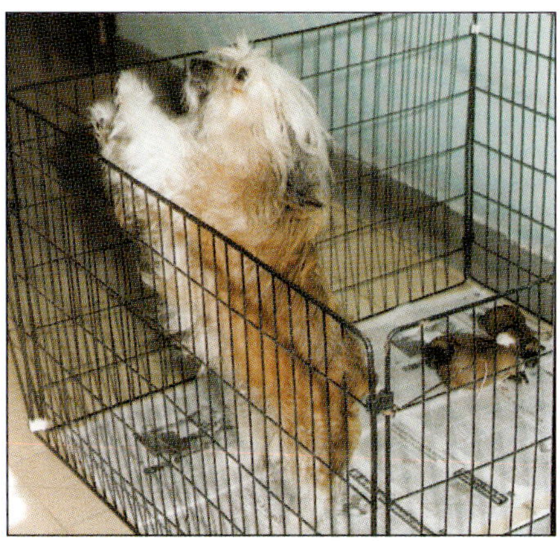

Die Aufzucht eines Wurfes ist auch für die Mutterhündin harte Arbeit. Sie muß sich zehn bis zwölf Wochen lang, 24 Stunden am Tag, um ihren Wurf kümmern. Vernachlässigen Sie Ihre Hündin nicht. Sie braucht Aufmerksamkeit, besondere Ernährung und regelmäßige Bewegung ohne ihren Wurf.

In den ersten Lebenswochen gibt es für Welpen wenig anderes als essen und schlafen. Der Züchter muß darauf achten, daß alle Welpen sich gleichmäßig entwickeln und die Hündin keinen Welpen vernachlässigt.

und Unruhe im Geburtsraum, enges Becken oder sehr große Welpen. Es hat Fälle gegeben, wo Hündinnen ihre Welpen mitten in der Familie geboren haben, andere jedoch wurden dadurch so nervös, daß sie die Geburt zurückhielten.

Erlauben Sie der Hündin nicht, auf Lumpen oder Kleidungsstücken zu werfen. Es ist besser, ausrangierte Bettwäsche oder Handtücher, die vorher einen Kochwaschgang durchlaufen haben, zu benutzen. Richten Sie damit für die Hündin eine Wurfkiste her.

Wenn die Geburt vorüber ist beobachten Sie die Mutterhündin diskret. Lassen Sie sie liegen wo sie ist, solange sie ruhig bleibt und Sie sie beobachten können. Manchmal kann eine Hündin,

ohne es zu wollen, sich auf einen Welpen legen und ihn ersticken oder sie könnte versuchen, die Welpen an einen anderen ungeeigneten Ort zu bringen, wie zum Beispiel unter das Bett. Stellen Sie fest, ob die Hündin Milch hat und alle Welpen normal saugen. Ein gesunder Havaneser-Wurf ist ein Grund zum Feiern. Die harte Arbeit und Vorbereitung des Züchters wird durch wundervolle „Ergebnisse" belohnt. Der stolze Züchter in Havanna verteilt die besten Zigarren nach der gesunden Geburt eines hübschen Wurfes (das ist ein alter Brauch beim Havaneser!).

Die Durchschnittswurfgröße beträgt drei oder vier Welpen, es hat jedoch auch schon sechser oder siebener Würfe gegeben. Die Farbe der Welpen bei der Geburt ist selten die gleiche wie beim erwachsenen Hund. Mit Ausnahme von weiß oder hellbeige wird die Farbe wahrscheinlich verblassen. Schwarze Welpen können grau werden, während braune oder rote Welpen als Erwachsene beige oder apricot erscheinen. Ein schwarz-weißer Welpe kann so bleiben oder grau-weiß werden. Ein erfahrener Züchter kann jedoch bei einem Welpen im Alter von zehn Wochen schon ungefähr bestimmen, welche Färbung er im Erwachsenenalter haben wird. Die Vererbung der Fellfarbe ist genetisch nachzuvollziehen. Ein Havaneser-Züchter sollte nicht nur nach der Farbe züchten sondern auch auf Standardnähe und gutes Wesen achten. Zwar ist die Frabe hilfreich bei der Erhaltung eines guten Pigments, stellt ansonsten jedoch nur ein ästethisches Element dar, welches die Qualität des Hundes keinesfalls beeinflußt.

Dies ist nicht der richtige Platz, um detailiert auf die Welpenaufzucht einzugehen. Wir wollen nur anmerken, daß sie nach etwa 3 Wochen mit dem Zufüttern beginnen können um die Mutterhündin zu entlasten und den Welpen beizubringen, wie man selbst frißt. Der Tierarzt kann Ihnen ein geeignetes Futter nennen und

Mit acht Wochen erscheint dieser Wurf bereit, die Welt zu erobern. Dies ist der B-Wurf der Züchterin Sandra Block aus Deutschland.

Ihnen sagen, wann und wie Sie die Welpen entwurmen und später dem Alter entsprechend impfen müssen. Wir bitten Sie jedoch dringend, Hunde nicht wahllos zu vermehren. Bevor Sie auch nur daran denken, Ihren Hund zur Zucht einzusetzen, müssen Sie sicherstellen, daß den Welpen die Zukunft geboten werden kann, die sie verdienen. Züchten Sie nur mit Rassevertretern ,die Welpen von hoher Qualität erbringen können. Jedes andere Vorgehen führt zum Niedergang der Hunderasse die Sie so sehr bewundern.

Ihr Havaneser ist ein wertvolles Geschenk. Sehen Sie ihn niemals als selbstverständlich an. Ihre Verantwortung als Besitzer dauert sein ganzes Leben lang.

Ein Hund ist eine wunderbare Lebensform. Seit vielen Jahrhunderten ist dieses Tier unser Freund und Vertrauter, der uns mit Loyalität und Liebe überschüttet ohne zu fragen, ob wir dies wirklich verdienen; der uns akzeptiert wie wir sind, ohne über uns zu urteilen. All dies ist wesentlich mehr als wir jemals von einem anderen Menschen erwarten können.

Einen Bichon Havanese zu besitzen ist eine hochbefriedigende und glücklich machende Erfahrung. Die Wissenschaft hat wieder und wieder den wohltuenden Effekt dokumentiert, den Haustiere auf unsere körperliche und mentale Gesundheit haben. Aus diesem Grund ist der Havaneser eine der Hunderassen, die in den Vereinigten Staaten zur Therapiearbeit eingesetzt wird. Havaneser-Besitzer besuchen mit ihren Hunden Waisenhäuser und Altenheime um die Einsamen und Kranken zu erfreuen. Der Havaneser erhellt den Tag für tausende von Menschen auf der ganzen Welt.

Ein Hund ist ebenso eine Aufgabe für einen aufmerksamen Besitzer der es zuläßt, von der natürlichen Weisheit seines Haustieres beeinflußt zu werden. Wir sollten fähig sein, ihn so zu behandeln, wie er uns behandelt. Mißhandeln Sie ihn nie, vernachlässigen Sie ihn nicht und als Wichtigstes: verlassen Sie ihn nicht. Ein Havaneser kann eine so enge Verbindung zu seinem menschlichen Freund eingehen, daß beide eine unzertrennliche Einheit werden. Und er kann aus diesem Grund auch sehr darunter leiden, von dem Besitzer, den er liebt, getrennt zu werden. Aus diesem Grund müssen Sie es sich sorgfältig überlegen, bevor Sie sich entscheiden, einen Hund anzuschaffen. Ein Hund ist eine Verantwortung, die wir unter keinen Umständen zurückweisen können. „Wir sind verantwortlich für das was wir gezähmt haben“ sagte Saint-Exupéry's „Kleiner Prinz“ und er hatte recht.

Lassen Sie Ihren Havaneser am Leben teilnehmen. Gewähren Sie ihm Möglichkeiten sich zu bewegen und Kontakt mit anderen Hunden aufzunehmen. Die Autorin mit zwei anderen Havaneser-Besitzerinnen bei einem Spaziergang mit ihren Hunden.

Schädel
Ohren
Hals
Rücken
Fang
Nase
Rute
Hinterhand
Brust
Oberschenkel
Schulter
Unterschenkel
Bauch
Flanke
Pfoten

Der Rassestandard des Havanesers

Der Havaneser ist ein Begleithund und wird in Gruppe 9 der FCI geführt. Die folgende Beschreibung erklärt den idealen Rassevertreter des Bichon Havanese. Der Rassestandard ist der Maßstab, nach dem Züchter züchten und Richter richten. Für den Haustierbesitzer gibt der Standard alle notwendigen Informationen wie sein Hund sein sollte. Angefangen von Körperbau über Farbe und Haarkleid bis hin zum Temperament.

Der FCI-Standard des Havaneser (Bichon Havanaise)
FCI-Standard Nr. 250 / 10. Dezember 1996 / D
Ursprung: Westliches Mittelmeerbecken
Entwicklung: Kuba
Patronat: FCI
Verwendung: Gesellschafts- und Begleithund
Klassifikation FCI: Gruppe 9 Gesellschafts- und Begleithunde Sektion 1, Bichons und verwandte Rassen
Ohne Arbeitsprüfung.

Kurzer geschichtlicher Abriß: Diese Rasse stammt aus der westlichen Mittelmeergegend und hat sich entlang der spanischen und italienischen Meeresküste entwickelt. Offenbar wurden diese Hunde frühzeitig durch Überseekapitäne in Kuba eingeführt. Irrtümlicherweise hat die am häufigsten vorkommende Havanna-Farbe (tabakfarben) dieser Hunde dazu verleitet, Havanna, die Hauptstadt von Kuba, als Ursprungsort anzusehen. Infolge unglücklicher Umstände sind nahezu alle alten Havaneser-Blutlinien in Kuba ausgestorben; anscheinend konnten jedoch einzelne Hunde aus Kuba herausgeschmuggelt werden; ihre Nachkommen überlebten in den USA.

Allgemeines Erscheinungsbild: Der Havaneser ist ein kleiner, kräftiger, niederläufiger Hund; er ist lebhaft

Der Kopf sollte breit sein, mit einem flachen Schädel, der von langem Haar bedeckt wird. Das Haar fällt über die Augen, ideal für einen Hund, der im sonnigen Kuba lebt. Besitzerin: Sandra Block

und flink; sein Haar ist lang, üppig, weich und vorzugsweise gewellt.
Wichtige Maßverhältnisse: Die Länge des Fangs, von der Nasenspitze

Der Körper sollte etwas länger als hoch sein. Er ist bedeckt mit langem seidigen Fell. Eine dem Standard entsprechende Hündin, „Sandra´s Lucky Lady Candlelight“.

zum Stop, entspricht der Länge des Schädels, vom Stop zum Hinterhauptstachel. Das Verhältnis zwischen der Rumpflänge (gemessen zwischen Buggelenk und Sitzbeinhöcker) und der Widerristhöhe beträgt vier zu drei.
Verhalten/Charakter (Wesen): Speziell aufgeweckt und leicht zum alarmgebenden Hund zu erziehen; liebevoll und fröhlich, anziehend, bezaubernd, spielerisch, sogar etwas närrisch. Er liebt Kinder und spielt unentwegt mit ihnen.
Kopf: Mittelgroß; das Verhältnis der Länge des Kopfes zur Länge des Körpers (von Widerrist bis zum Rutenansatz gemessen) beträgt drei zu sieben.
Schädel: Flach bis sehr wenig gewölbt, breit; Stirn wenig ansteigend; von oben gesehen ist der Schädel hinten abgerundet, an allen anderen Seiten fast gerade und viereckig.
Stop: Mäßig ausgeprägt.
Nase: Schwarz
Fang: Er verjüngt sich leicht und progressiv gegen den Nasenschwamm, spitz oder stumpf.
Lippen: Dünn, trocken, gut anliegend
Kiefer/Zähne: Scherengebiß. Ein vollständiges Gebiß ist erwünscht, das Fehlen der P 1 (Prämolaren 1) und der M 3 (Molaren 3) wird toleriert.
Backen: Sehr flach, nicht vorstehend
Augen: Ziemlich groß, mandelförmig, so dunkelbraun wie möglich. Ausdruck freundlich. Die Umrandung des Auges soll dunkelbraun bis schwarz sein.
Ohren: Relativ hoch angesetzt; sie fallen längs der Backen und bilden eine unauffällige Falte, die sie leicht anhebt; sie laufen rundlich-spitz aus; sie sind von langen Fransen besetzt. Weder windmühlenartig abstehend noch dicht an den Backen anliegend.
Hals: Von mittlerer Länge.
Körper: Die Länge des Körpers übertrifft um Weniges die Widerristhöhe.
Oberlinie: Gerade, über den Lenden leicht gewölbt.
Kruppe: Gut abfallend.
Rippen: Gut gewölbt.
Bauch: Gut aufgezogen.
Rute: Hoch getragen, entweder in Form eines Krummstabs oder vorzugsweise über dem Rücken gerollt; die Befederung ist lang und seidig.

Gliedmaßen

Vorderhand: Vorderläufe gerade und parallel, trocken; gute Knochenstruktur. Der Abstand vom Boden bis zum Ellenbogen soll denjenigen zwischen Ellenbogen und Widerrist nicht übertreffen.
Hinterhand: Gute Knochenstruktur; mäßige Winkelung.
Pfoten: Leicht länglich in ihrer Form, klein; Zehen eng aneinanderliegend
Bewegung: Der Bewegungsablauf

Ein junger kubanischer Havaneser-Welpe namens „Magico", der vielversprechend, für den Ausstellungsring, erscheint. Mit ungefähr acht Monaten wird das Welpenfell durch das Erwachsenenfell ersetzt. Das Fell dieses Welpen wird später heller sein.

beim Havaneser ist seinem fröhlichen Wesen entsprechend auffällig leichtfüßig und flink. Die gerade nach vorne gerichteten Vorderläufe bewegen sich frei, während die Hinterläufe in gerader Linie für den nötigen Schub sorgen.

Haarkleid

Haar: Das wollene Unterhaar ist schwach entwickelt, oft fehlend. Das Deckhaar ist sehr lang (12 bis 18 cm bei einem erwachsenen Hund), weich, glatt oder gewellt und kann lockige Strähnen bilden. Jedwede Zurechtmachung, jedes Ausgleichen der Länge der Haare mit der Schere und jede Art von Trimmen sind verboten. Ausnahme: die Säuberung der Haare an den Pfoten ist zulässig, die Haare auf der Stirne dürfen

Der Standard des Havanesers entspricht deutlich der Lebensfreude des Hundes.

leicht gekürzt werden, damit sie die Augen nicht bedecken; auch die Haare am Fang dürfen leicht gekürzt werden, aber vorzugsweise beläßt man sie in ihrer natürlichen Länge.
Farbe: Es gibt zwei Farbvarietäten.
1) Selten vollständig reinweiß, falbfarben (in verschiedenen Tönungen von hellfalbfarben bis havannafarben (tabakfarben, rot-braun); in den zulässigen Farben gefleckt; leicht schwarz gewolkt erlaubt.
2) Zulässige Farben und Flecken (weiß, hellfalbfarben bis havannafarben) mit schwarzen Flecken, schwarzes Haarkleid.
Größe:
Widerristhöhe: 23 bis 27 cm.
Toleranz: von 21 bis 29 cm.
Anmerkung: Rüden müssen zwei offensichtlich normal entwickelte Hoden aufweisen, die sich vollständig im Hodensack befinden.

Der Rassestandard beschreibt sowohl das ungewöhnliche Aussehen des Havanesers als auch seinen Stolz, seine Lebhaftigkeit und alle Erfordernisse in Gangwerk und Bewegung.

Der Schädel ist breit und flach, der Fang vorgestreckt, mit einem gut sichbaren Stop.

Die Augen sind dunkel und mandelförmig mit pigmentiertem Lid.

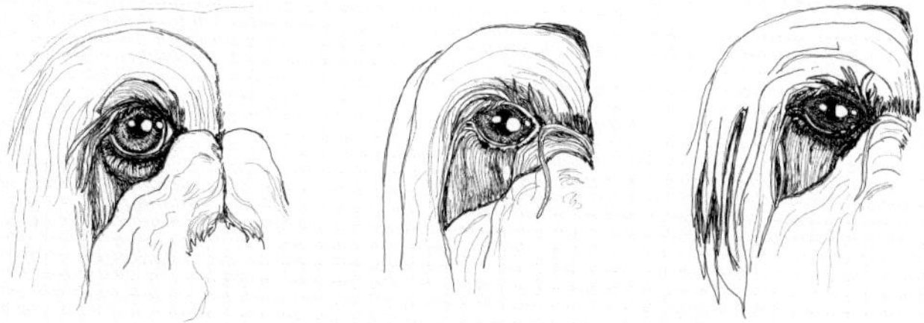

Die Nase ist ganz schwarz ohne helle Flecken.

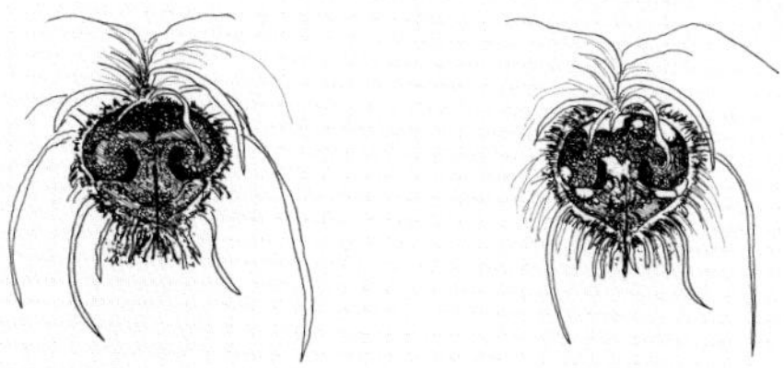

Kopf und Körper werden ganz von langem seidigem Haar mit natürlichem ungekämmten Aussehen bedeckt. Die Rute wird über den Rücken getragen.

Die Widerristhöhe ist gleich der Länge vom Ellenbogen zum Sprunggelenk. Das Brusthaar ist länger als das Bauchhaar.

Ihr Havaneser-Welpe

Anfangsgründe
Wenn Sie überzeugt sind, daß der Havaneser der ideale Hund für Sie ist, wird es Zeit, mehr darüber zu erfahren, wo Sie einen Welpen finden und worauf Sie beim Kauf achten müssen. Wir empfehlen, daß jeder, der vorhat, einen Havaneser außerhalb Kubas zu kaufen, die Blutlinien des Züchters nach möglichen genetischen Erkrankungen untersucht, von denen PRA (Progressive Retina Atropie) und Katarakt das größte Problem darstellen. Verantwortungsvolle Züchter untersuchen ihre Hunde auf diese möglichen Probleme und nehmen niemals einen befallenen Hund oder möglichen Träger in ihr Zuchtprogramm. Egal, ob Sie einen Familien- oder Ausstellungshund suchen, die Freiheit von genetischen Erkrankungen ist von grundlegender Wichtigkeit. Sowohl PRA als auch Katarakt können bei befallenenen Havanesern zu Blindheit führen. Sie können bei Ihrer Suche die zuchtbuchführenden Stellen befragen, welche Listen von Hunden führen, die von genetischen Krankheiten frei sind.

Einen Havaneser-Wurf zu finden sollte hoffentlich kein Problem für den neuen Besitzer darstellen. (In England ist die Rasse noch ziemlich neu.) Es sollte möglich sein, erfahrene Züchter in akzeptabler Entfernung von Ihrem Heimatort auszumachen. Sie suchen nach einem verantwortungsvollen Züchter mit hervorragender Ethik gegenüber seinen Hunden und strenger Hingabe an seine Rasse. Neue Besitzer haben häufig viele Fragen und Zweifel. Ein erfahrener Züchter ist mit Sicherheit die richtige Person um Ihre vielen Fragen zu beantworten und Ihnen zu versi-

Achten Sie drauf!
Denken Sie daran, daß es immer der Welpe ist, der darunter leidet, wenn ein Hund gekauft wird, ohne daß vorher der Aufwand an Zeit und Verantwortung, ausreichend bedacht wird. Oft wird der Hund dann ins Tierheim abgeschoben. Die "Hausaugaben", die Sie zur Vorbereitung für die Ankunft Ihres Welpen machen, werden Ihnen beiden zugute kommen. Je besser informiert Sie sind, desto mehr können Sie sich vorstellen was alles auf Sie zukommt, so daß Sie nicht von den Höhen und Tiefen im Zusammenleben mit einem Welpen überrascht werden. Hoffentlich helfen alle Familienmitglieder bei der Aufzucht des Welpen mit. Oft versprechen gerade Kinder alles mögliche, wenn die Anschaffung eines Hundes erwogen wird. Aber bereits nach kurzer Zeit will niemand mehr mit dem Hund spazieren gehen, ihn füttern oder die Pfützen des Welpen entfernen. Sie können sich also nicht darauf verlassen, daß die Kinder über einen längeren Zeitraum ihren Anteil an der Arbeit mit dem Welpen zuverlässig übernehmen.

Achten Sie darauf, daß Ihr Züchter seine Hunde auf Augenerkrankungen untersucht hat. Ihr Welpe sollte klare dunkle Augen haben.

chern, daß Sie mit einem Havaneser die richtige Wahl getroffen haben. Ein verantwortungsvoller Züchter wird Ihnen einen Welpen zu einem fairen Preis verkaufen, und nur dann wenn der Züchter Sie als geeignet für seine Hunde ansieht. Einen verantwortungsvollen Züchter können Sie zu jeder Zeit um Rat fragen. Er wird auch ohne jede Frage seinen Welpen zurücknehmen, wenn Sie ihn aus irgend einem triftigen Grund nicht behalten können.
Die Auswahl des Züchters ist ein wichtiger erster Schritt. Glücklicherweise ist die Mehrheit der Havaneser-Züchter der Rasse und ihrem Wohlergehen eng verbunden. Der Verband für das Deutsche Hundewesen kann Ihnen Züchter qualitätvoller Havaneser oder zumindest die Adresse des betreuenden Rassehundevereins nennen. Sie sind gut beraten, eine Hundeausstellung zu besuchen, um den Havaneser in Natura zu sehen.

Wußten Sie schon?
Ihre Auswahl eines „guten„ Welpen richtet sich nach Ihren Bedürfnissen: ein Ausstellungshund oder einen Familienhund? Sie haben die Wahl. Einen sicheren Ausstellungshund können Sie nicht als Welpe auswählen da seine Entwicklung noch viele Möglichkeiten in positive oder negative Richtung offen läßt. Jeder Welpe sollte jedoch ein gutes Wesen haben. Kaufen Sie nicht bei einem Züchter der sich allein auf äußere Schönheit konzentriert und dabei das Wesen vernachlässigt.

Wußten Sie schon?
Denken Sie nicht einmal daran einen Welpen zu kaufen der krank, unterernährt, ängstlich oder nervös erscheint! Manchmal wird jedoch ein schüchterner Welpe eine gewisse Aufwärmzeit brauchen, um sich mit Ihnen anfreunden zu können.

Nicht nur auf einer Fotografie. Wenn Sie die Aussteller, während sie nicht gerade mit den Hunden schrecklich beschäftigt sind, ansprechen, werden die meisten mehr als gewillt sein, Ihre Fragen zu beantworten, Züchter zu nennen und Ratschläge zu geben.
Wenn Sie dann einen oder zwei Züchter besucht und sich überlegt haben, welcher für Sie am besten geeignet ist, wird es Zeit, den Wurf anzuschauen. Bedenken Sie, daß viele Züchter dieser seltenen Hunderasse Wartelisten haben. Manchmal müssen neue Besitzer bis zu zwei Jahren auf einen Welpen warten. Wenn Sie wirklich von der Wahl Ihres Züchters überzeugt sind werden Sie auch warten (und auf eine frühere Möglichkeit hoffen!). Wenn nicht können Sie vielleicht den zweiten oder dritten Züchter auf Ihrer Wunschliste in Erwägung ziehen. Seien Sie jedoch nicht zu vorsichtig, auch wenn der Züchter keine Warteliste oder keine Käufer hat, könnte dies auch seine Gründe haben. Weil die Havaneser nur kleine Würfe haben ist die Nachfrage von den Züchtern nur schwer zu befriedigen. Hüten Sie sich vor einem ängstlichen oder überaggressiven Welpen und seien Sie vorsichtig mit einem nervösen Havaneser-Welpen. Lassen Sie sich von Sentimentalität und Mitleid nicht

Auf spanisch nennt man Welpen Perritos oder Caccorros. Diese drei sind erst drei Wochen alt. J-Wurf der Züchterin Sandra Block.

beeinflussen und in die Falle locken, den schwächsten Welpen des Wurfes zu kaufen.
Vielleicht hat Sie die Farbe eines Havanesers in diesem Buch angesprochen. Viele neue Havaneser-Käufer bevorzugen eine bestimmte Farbe. Die Farbe hat jedoch keinen Einfluß auf den Charakter des Hundes bei dieser Rasse. Der Standard bevorzugt keine bestimmte Farbe, also können Sie, als vorurteilsloser Hundebesitzer, bei der Auswahl des Welpen ebenfalls auf eine solche Bevorzugung verzichten. Sie sollten mehr Wert auf ein ausgeglichenes Temperament, einen guten Körperbau und auf die Freiheit von genetischen Erkrankungen legen. Obwohl der schwarze Havaneser oder der blonde Havaneser Ihnen vielleicht ins Auge sticht, sollten Sie Ihre Wahl sorgfältig treffen. Gesundheit, stabiles Temperament und korrekter Körperbau sind wichtig für die Wahl des idealen Havanesers.
Ab der 5. oder 6. Woche wird der Züchter Sie bei seinem Wurf willkommen heißen; die Welpen werden jedoch erst ungefähr mit zehn Wochen abgegeben. Züchter, die ihre Welpen vor der 8. Woche abgeben, sind mehr am Geld als an den Welpen interessiert. Die Welpen müssen von der Mutterhündin das richtiges Hun-

Wußten Sie schon?
Ihr Welpe sollte einen wohlgenährten Eindruck machen, sein Bauch darf jedoch nicht aufgetrieben sein, da dies ein Zeichen für Wurmbefall, falsche Ernährung oder sogar beides sein kann. Der Körper sollte sich fest und solide anfühlen. Die Haut am Bauch muß blaßrosa und sauber sein, ohne Kratzer oder Insektenbisse.
Jede Abweichung davon kann auf eine Krankheit hindeuten.

deverhalten lernen und die meisten Mutterhündinnen setzen die Unterrichtsstunden auch weit nach der 8. Woche fort. Der Züchter sollte idealerweise eine Menge Zeit mit den Havaneser-Babys verbringen, damit diese lernen, mit den Menschen umzugehen. Wenn man die lange Geschichte der Verbindung zwischen Mensch und Hund bedenkt ist es nicht schwierig, eine gemeinsame Basis zu finden; das Verständnis zwischen den zwei Spezies muß jedoch gefördert werden. Ein gut gezüchteter, gut sozialisierter Havaneser-Welpe will nichts anderes als in Ihrer Nähe sein und Sie erfreuen. Kontrollieren Sie die Zähne des ausgewählten Welpen um sicherzugehen, daß er weder einen Vor- noch einen Rückbiß hat. Bei einem kleinen Welpen kann dies noch etwas undeutlich sein, es ist jedoch in einigen Havaneserlinien ein häufig auftretendes Problem.

Wußten Sie schon?
Zwei wichtige Dokumente, die Sie von Ihrem Züchter bekommen, sind die Ahnentafel des Hundes und sein Impfpaß. Aus diesem Impfpaß geht hervor, daß die vom Verband der Kleinhundezüchter e.V. und VDH vorgeschriebene Grundimmunisierung gegen die wichtigsten Infektionskrankheiten erfolgt ist. Der Züchter wird Ihnen auch sagen, wann Sie den Hund zur Nachimpfung beim Tierarzt vorstellen müssen.

Die Ahnentafel ist ein Dokument das nicht nur die Abstammung des Hundes, die Prüfungen, die Gesundheit und das Aussehen seiner Vorfahren wiedergibt, sondern auch ein Dokument das bescheinigt, daß Ihr Welpe nach den Richtlinien des VDH aufgezogen wurde. Welpen ohne Ahnentafel oder mit dubiosen ausländischen Papieren sollten Sie nicht kaufen. Es ist damit zu rechnen, daß der niedrige Preis des Hundes sich für den „Züchter„ durch Einsparungen bei der Gesundheitsfürsorge der Elterntiere und der Aufzucht der Welpen nicht rechnet.

Achten Sie drauf!
Ein guter Züchter wird Ihnen unaufgefordert die Ergebnisse der Untersuchungen auf Erbkrankheiten beider Eltern zeigen. Er wird auch stolz darauf sein, das gute Wesen seiner Mutterhündin vorzuführen und Sie mit der Hündin gern Kontakt aufnehmen lassen.

Verantwortung des Besitzers

Nachdem Sie alle diese Faktoren bedacht haben wurden von Ihnen bereits mehrere sehr wichtige Entscheidungen für die Auswahl Ihres Welpen getroffen. Sie haben einen Havaneser gewählt; das bedeutet, Sie haben sich entschieden, welche Charakteristika Sie von einem Hund erwarten und welcher Typ Hund am besten in Ihre Familie und Ihre Lebensumstände paßt. Wenn Sie einen Züchter ausgewählt haben sind sie schon einen Schritt weiter gekommen - Sie haben nachgeforscht und eine verantwortungsbewußte kenntnisreiche Person gefunden, die Havaneser von hoher Qualität züchtet und die eine wichtige Hilfestellung geben

kann, wenn Sie und Ihr Welpe Ihr gemeinsames Leben einrichten. Bei der Beobachtung eines Wurfes haben Sie einen ersten Blick auf die Dynamik geworfen, die in einem Welpenrudel herrscht und auf diese Weise haben Sie begonnen, die individuelle Persönlichkeit jedes Welpen zu sehen - vielleicht haben Sie sogar bereits denjenigen herausgefunden, der am besten zu Ihnen paßt.
Wenn Sie noch nicht den Havaneser-Welpen Ihrer Träume gefunden haben wird Ihnen die Beobachtung eines ganzen Wurfes helfen, wichtige Verhaltensgrundlagen kennen zu lernen und festzustellen, was das Verhalten eines Welpen über sein Wesen aussagt. Sie werden in der Lage sein, herauszufinden, welche Welpen die Rudelführer sind, welche weniger aus sich herausgehen, welche zufrieden, welche scheu, verspielt, freundlich, aggressiv usw. sind. Und ebenso wichtig ist, daß Sie dabei erkennen lernen, wie ein gesunder Welpe aussehen und sich verhalten soll. All diese Erkenntnisse werden Ihnen bei Ihrer Suche helfen und wenn Sie den Havaneser finden, der für Sie bestimmt ist, werden Sie es wissen.
Die Auswahl der Rasse, die Wahl eines verantwortungsvollen Züchters und die Beobachtung so vieler Welpen wie möglich sind alles wichtige Schritte, auf dem Weg zum Hundebesitzer. Dies hört sich nach viel Aufwand an und Sie haben bis jetzt noch nicht einmal Ihren Welpen daheim. Erinnern Sie sich jedoch, bei der Entscheidung, welche Art Hund man will, kann man nicht vorsichtig genug sein und man muß versuchen, so viel wie möglich über den Hintergrund des erwarteten Hundes herauszufinden. Ein Welpenkauf sollte kein Lotteriespiel sein. Genauer: dies ist der Augenblick, in dem Sie die Chance haben, Ihr neues Familienmitglied selbst auszusuchen. Trotzdem sollte der Welpenkauf Spaß machen - es sollte nicht so ernsthaft sein und viel Arbeit machen. Wenn Sie im Hinterkopf behalten, daß Ihr Welpe kein Stofftier oder dekorativer Gartenschmuck ist, sondern im Gegenteil ein wirkliches Familienmitglied werden soll, werden Sie feststellen, daß, obwohl das Aussuchen eines Welpen ein großes Abenteuer

Wenn Sie sich Havaneser ansehen wollen nehmen Sie an einer Ausstellung teil, um die Hunde in Bewegung zu sehen. Dies ist „Ambar D'Sirius", ein Kubanischer Champion. Eine Ausstellung ist gut geeignet, um Züchter und Besitzer kennen zu lernen und Verbindungen zu knüpfen.

Wußten Sie schon?
Züchter sollten ihre Welpen nicht vor der 8. bis 10. Woche abgeben. Für die meisten Hunderassen ist dieses Alter richtig, außer für Toy-Hunde, die häufig bis zu zwölf Wochen bei der Mutter bleiben. Wenn ein Züchter einen Welpen von mehr als zwölf Wochen hat sollte dieser schon etwas sozialisiert und erzogen sein. Beobachten Sie das Verhalten des Welpen beim Züchter. Stellen Sie sicher, das er gesund ist, bevor Sie ihn mit nach Hause nehmen.

Wählen Sie den Welpen aus dem Wurf, der die meiste Fröhlichkeit und Persönlichkeit ausstrahlt. Nehmen Sie nicht aus Mitleid den traurigen oder scheuen Welpen mit. Diese Mutterhündin ist „Blanquta de laGiraldilla“.

ist, diese Entscheidung nicht leichtfertig getroffen werden darf. Warten Sie ab, die Freude am Hund beginnt, wenn der Welpe nach Hause kommt. Bedenken Sie immer, daß ein Welpe nichts anderes als ein Baby mit Fell ist. Ein Baby, das völlig hilflos in der menschlichen Welt und auf seinen Besitzer angewiesen ist, um seine grundlegenden physischen Bedürfnisse zu befriedigen. Dies geht über Futter, Wasser und Körbchen hinaus. Ihr Welpe braucht Fürsorge, Schutz, Erziehung und Liebe. Wenn Sie nicht darauf vorbereitet sind, ihm das zu geben, sollten Sie sich keinen Hund halten.

Einen Moment mal, werden Sie sagen, wieviel Aufwand kann das schon sein? Alle meine Nachbarn haben Hunde und es sieht so aus, als ob es ihnen gut ginge. Warum sollte ich mir über all dies Gedanken machen? Im Grunde genommen brauchen Sie sich keine Sorgen über all das zu machen. Später werden Sie wahrscheinlich herausfinden, daß Ihr Havaneser, wenn er sich an sein neues Rudel gewöhnt hat, seinen Platz in der Fami-

Achten Sie drauf!

Wenn Sie einen unregelmäßigen Tagesablauf oder wechselnde Schichtarbeit haben, sollten Sie es sich gut überlegen ob Sie sich einen Welpen anschaffen. Ein Welpe muß regelmäßig gefüttert, erzogen, gestreichelt und an andere Menschen gewöhnt werden. Am wichtigsten sind pünktliche, regelmäßige Lösezeiten während der Stubenreinheits-Erziehung. Ein älterer Hund ist in Bezug auf seine Fütterungszeiten und Bedürfnisse weniger anspruchsvoll.

lie ganz natürlich einnehmen wird. Dennoch ist es niemals verkehrt, sich die Verantwortung als Hundehalter nochmal ausführlich vor Augen zu führen. Mit etwas Zeit und Geduld ist es wirklich nicht sehr schwierig, einen neugierigen und aktiven Havaneser-Welpen zu einem gesunden und wohlerzogenen Hund aufzuziehen. Ein Hund, der Ihr bester Freund sein kann.

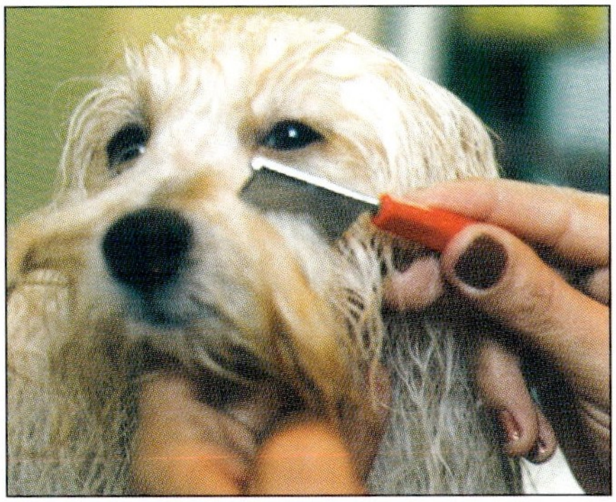

Der Havaneser ist kein pflegeleichter Hund. Sein seidiges Fell erfordert sorgfältige Betreuung durch den Besitzer.

Vorbereitungen vor dem Einzug des Welpen

Die Auswahl der Rasse und des Züchters sind nur zwei Teile der Hausaufgaben, die Sie machen müssen, bevor Sie Ihren Havaneser-Welpen abholen. Sie müssen auch Ihr Haus und Ihre Familie auf den Neuling vorbereiten. Ähnlich wie Sie ein Kinderzimmer für ein neugeborenes Baby vorbereiten würden brauchen Sie einen Platz in Ihrem Haus, der dem Welpen ganz allein gehört. Wie Sie Ihr Haus vorbereiten hängt davon ab, wieviel Freiheit Sie dem Hund geben wollen. Wie auch immer Sie sich entscheiden, Sie sollten sicherstellen, daß er einen Platz hat, der nur für ihn allein da ist.

Wenn Sie Ihren neuen Welpen in Ihr Haus holen bringen Sie ihn dorthin, wo später auch sein Platz sein wird. Natürlich haben Sie sich keinen Welpen gekauft damit er später Ihr Haus regiert, aber damit ein Welpe zu einem gesunden ausgeglichenen Hund heranwachsen kann muß er sich in seiner Umgebung wohl fühlen. Erinnern Sie sich, er verläßt die Wärme und Sicherheit seiner Mutter und seiner Wurfgeschwister und die Geborgen-

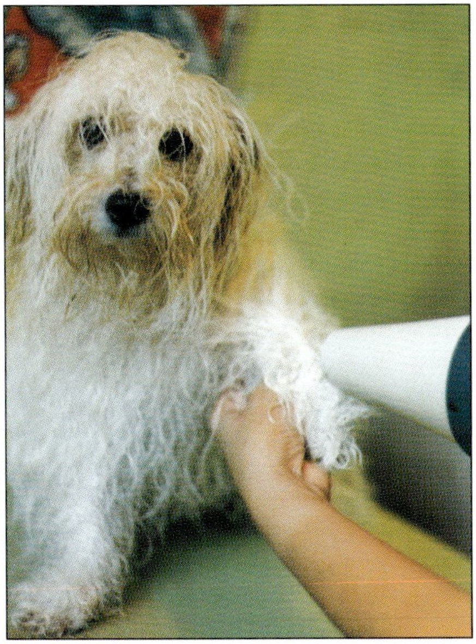

Sind Sie gewillt, die notwendige Zeit aufzuwenden, damit Ihr Havaneser immer bestens gepflegt ist?

Wußten Sie schon?

Wenn der Züchter, bei dem Sie einen Welpen kaufen wollen, Ihnen eine Menge persönlicher Fragen stellt, wundern Sie sich nicht. So ein Züchter will sichergehen, daß Sie ein geeigneter Mensch, für seinen Welpen sind.

heit des einzigen Platzes, den er bisher gekannt hat. Also ist es wichtig, ihm den Übergang so leicht wie möglich zu machen. Sie geben dem Welpen das Gefühl, willkommen zu sein, (soweit dies in einer fremden Umgebung möglich ist) indem Sie einen Platz in Ihrem Haus für ihn vorbereiten. Es sollte nicht lange dauern bis er sich daran gewöhnt hat, aber der plötzliche Schock des Verkauftwerdens ist doch jedesmal ziemlich erschreckend für einen kleinen Welpen. Bedenken Sie, wie sich ein kleines Kind in der selben Situation fühlen würde - so fühlt sich auch Ihr Welpe. Es ist Ihre Aufgabe, ihm zu helfen sich sicher zu fühlen und ihn wissen zu lassen: mein kleiner Freund, du wirst dich hier wohl fühlen.

Einkaufsliste

Käfig oder Körbchen?

In den letzten Jahren kommt in Deutschland immer mehr die amerikanische Sitte in Mode, Welpen mit Hilfe eines Käfigs zur Stubenreinheit zu erziehen.
Das Trainieren eines Welpen im Käfig bietet einerseits mehrere, nicht zu unterschätzende Vorteile. Wählt man eine geschlossene Flugbox mit Gittertür, die innen gemütlich ausgepolstert und mit genügend Spielzeug versehen wird, hat der Welpe einen höhlenähnlichen Rückzugsort ganz für sich alleine. Dort kann er in Ruhe schlafen oder, nach einem wilden Spiel, einfach mal relaxen. Der angeborene Instinkt der Lagerreinheit verhindert, daß der Welpe sein eigenes „Bett" beschmutzt (wenn Sie bei der Auswahl des Züchters darauf geachtet haben, daß er seinen Welpen die Möglichkeit bietet, sich soweit wie möglich vom Lager entfernt zu lösen!). Stellen Sie also

Wußten Sie schon?

Die Futterkosten müssen Sie ebenfalls bedenken. Alle Hunde brauchen ausgewogenes Futter, mit einer guten Proteinmenge, um die Knochen und Muskeln korrekt zu entwickeln. Die meisten Hunde sind keine mäkeligen Fresser, wenn sie jedoch nicht ausgewogen ernährt werden entwickeln sie leicht Hautprobleme.

Wußten Sie schon?

Um den Welpen zur nächtlichen Stubenreinheit zu erziehen sollten Sie seinen Aktionsradius einschränken. Stubenreinheitstraining basiert auf der Tatsache, daß ein Hund nicht gerne seinen Schlafplatz beschmutzt, so daß es nicht effektiv ist, den Welpen nachts im ganzen Schlafzimmer laufen zu lassen. Er kann dann ein Ende des Raumes beschmutzen und sich zum Schlafen weit genug von seinen Ausscheidungen entfernen. Es ist günstiger, ihm ein Körbchen mit Spielzeug und weichen Decken anzubieten. Wenn der kleine Havaneser wächst muß das Körbchen mitwachsen. Es braucht am Anfang eine Menge Aufmerksamkeit und viel Geduld. Wenn Sie jedoch die Zeit investieren und darauf vorbereitet sind, einige Nächte nicht durchschlafen zu können, wird Ihr Welpe bald ruhig und friedlich neben Ihrem Bett schlafen. Er kann so auch am besten lernen, sich zu melden, wenn er nach draußen geführt werden muß.

den geschlossenen Käfig mit dem Hundekind nachts neben Ihr Bett, so daß Sie hören, wenn der Kleine unruhig wird. Dann können Sie ihn gleich auf den Arm nehmen und nach draußen tragen, so daß er zuverlässig lernt, wo seine Toilette ist.
Einen großen Nachteil hat diese Methode: Anfänger in der Hundehaltung werden dazu verführt, die Käfigtür zu schließen, wann immer der Welpe stört. Im ersten halben Jahr ist ein junger Hund mindestens so anstrengend wie ein Kleinkind. Er schleppt den Besen fort, räumt offen gebliebene Schränke aus, knabbert am Staubsaugerschlauch und behindert so den Arbeitsablauf nach besten Kräften. Würden Sie nun jedesmal den Welpen in den Käfig sperren, nähme der Hund schweren physischen und psychischen Schaden. Vor dem sechsten Lebensmonat ist der Welpe von seinem Verhaltensrepertoir her gar nicht darauf eingerichtet, allein zu sein. Im natürlichen Rudel wäre er niemals ohne seine Geschwister und älteren Rudelmiglieder auf sich allein gestellt. Wenn Sie dieses grundlegende Bedürfnis nach Sozialkontakten Ihres jungen Havanesers nun einfach ignorieren, fügen

Sie dem Vertrauensverhältnis zwischen Ihnen und Ihrem Hund schweren Schaden zu: Sie erweisen sich nicht als der kompetente Rudelführer auf den man sich als Hund verlassen kann. Auch körperlich leidet ein eingesperrter Hund, da ausreichende Bewegung eine Grundvoraussetzung für die gesunde Entwicklung von Knochen, Muskeln und Bändern ist. Die Anschaffung eines Käfigs kann also für die Nachtstunden sinnvoll oder auch später einmal nützlich für den sicheren Transport des ausgewachsenen Hundes im Auto sein (bedenken Sie beim Kauf die Größe

Transportboxen können Sie in Ihrer Zoohandlung kaufen. Viele Größen, Arten und Farben sind hier erhältlich.

Achten Sie drauf!
Sie sollten einen erwachsenen Hund am Tage nicht mehr als vier Stunden allein lassen. Wenn Sie ihn zu lange zwingen, seine Bedürfnisse zurück zu halten, kann er im Alter Nierenprobleme entwickeln.

des erwachsenen Hundes!). Als ständigen Lagerplatz wählen Sie jedoch besser einen Korb, die im Fachhandel erhältlichen Hartplastik-Körbe sind hygienischer und haltbarer als Weidenkörbe.

1. Wahl! Ein Havaneser-Welpe ist kein Spielzeug. Sie als Besitzer müssen darauf eingestellt sein, den jungen Hund mit allem was er braucht zu versorgen.

Decken

Ein oder zwei Decken im Körbchen, helfen dem Hund, es sich gemütlich zu machen. Zunächst nehmen die Decken den Platz von Gras ein, in welches sich der Welpe in der Natur legen würde. Außerdem kann der junge Havaneser die Decken nach seinem eigenen Ermessen zurecht scharren. Obwohl Ihr Welpe weit entfernt von seinen wilden Vorfahren ist, hat er dennoch alle Instinkte, die er für die Einrichtung seines Lagers braucht. Bevor Sie ihn heimbrachten hat Ihr Welpe, inmitten seiner Geschwister, an seiner Mutter gekuschelt geschlafen und obwohl eine Wolldecke längst nicht dasselbe ist, wie ein warmer atmender Körper, bietet sie dem Welpen doch Wärme und einen Platz, in den er sich hineinkuscheln kann. Sie werden die Decken häufig waschen und jede Decke, die zerrissen ist, austauschen müssen.

Gegenüberliegende Seite: Wählen Sie eine Transportbox in der richtigen Größe für Ihren Havaneser.

Spielzeug

Spielzeug ist wichtig für Hunde jeden Alters. Vor allem jedoch für neugierige verspielte Welpen. Welpen sind Kinder der Hundewelt und welches Kind liebt nicht sein Spielzeug? Kauspielzeuge versprechen sowohl für den Hund als auch für den Besitzer Spaß und Zufriedenheit - Ihr Hund wird zufrieden mit seinen Lieblingsspielsachen spielen; Sie werden zufrieden sein, daß er Ihre teuren Schuhe und Ihr Ledersofa verschont. Welpen knabbern gerne, um genau zu sein, es ist eine gesundheitliche Notwendigkeit für Welpen während des Zahnwechsels und fast alle Sachen reizen den Welpen dazu. Die Gesamtheit Ihrer Habe, vom alten Wischlappen bis zum Perserteppich, alles ist ein tolles Spielzeug zum Spielen

In Ihrer Zoohandlung können Sie auch anderes Zubehör für Ihren Havaneser erwerben, zum Beispiel, Spielzeug, Pflegemittel, Näpfe und mehr.

Von Natur aus ist der Havaneser sehr verspielt. Kaufen Sie für Ihn geeignetes Spielzeug das seinen Zähnen widersteht. Dies ist „Caramba Coquito“, Besitzerin ist Zoila Portuondo.

in den Augen eines zahnenden Welpen. Welpen sind nicht wählerisch, wenn sie etwas suchen, in das sie ihre Zähne versenken können - alles ist bestens geeignet.

Flauschspielzeuge sind ein anderes Thema. Man kann diese dem Welpen gut ins Körbchen legen oder nachts als Gesellschaft, mit in seinen Käfig legen. In kürzester Zeit wird jedoch der Welpe die Füllung des Spielzeugs entfernt haben. Seien Sie besonders vorsichtig mit Spielsachen, die kleine Plastikaugen oder andere Teile haben, die der Welpe verschlucken könnte. Oftmals sind auch quietschende Spielsachen sehr beliebt. Es gibt Hunde, die im Galopp gerannt kommen, sobald sie den ersten Quietscher ihres Lieblingsspielzeugs hören. Auch hier wieder die Warnung: wenn der Welpe ein solches Spielzeug zerbeißt können die Plastikteile, besonders der innenliegende Quietschmechanismus, beim Verschlucken, gefährlich werden. Kontrollieren Sie sorgfältig die Spielsachen Ihres Welpen und werfen Sie diejenigen fort,

Ihr Havaneser-Welpe liebt weiche Decken in seinem Schlafkörbchen. Achten Sie darauf, daß sein Spielzeug nicht so klein ist, daß er es verschlucken kann. Wenn er mit Latex-Spielzeug beschäftigt ist müssen Sie ihn beaufsichtigen.

Zoohandlungen bieten eine große Auswahl von Hundespielzeug an. Geben Sie Ihrem Welpen kein Kinderspielzeug, dies kann für den zahnenden Welpen gefährlich sein.

die so zerkaut sind, daß sie gefährlich werden können.
Naturknochen die zersplittern können sind nicht geeignet. Bei Büffelhautknochen müssen Sie auch aufpassen, diese können sich, wenn sie genügend gekaut wurden, in kleine, leicht verschluckbare Stücke auflösen und machen schreckliche Flecken auf Ihrem Teppich.

Leine
Eine Nylonleine ist wahrscheinlich die beste Lösung, weil sie den Welpenzähnen den meisten Widerstand entgegensetzen, falls Ihr Welpe auf seiner Leine kauen sollte. Natürlich ist dies eine Angewohnheit, die Sie unterbinden sollten, aber bis Ihr Welpe das gelernt hat, hat er bei einer Nylonleine die schlechtesten Chan-

Achten Sie drauf!
Es gibt eine Vielzahl von Hundespielsachen und der größte Teil sieht aus, als würde er einem Hund viel Spaß bereiten. Seien Sie jedoch bei der Auswahl des Spielzeugs Ihres Welpen vorsichtig. Es ist erstaunlich, was Welpenzähne mit einem Spielzeug anstellen können. Somit muß Ihr Hauptaugenmerk auf die Sicherheit gerichtet sein. Kaufen Sie die haltbarsten Produkte, die Sie finden können. Gedrehte Baumwollknoten und Büffelhaut-Spielsachen sind sicher und viele von ihnen werden in verschiedenen Geruchs- und Geschmacksrichtungen angeboten. Für Sie und Ihren Hund ist es ein großer Spaß, gemeinsam mit einer Frisbee-Scheibe zu spielen, die speziell dafür ausgelegt ist, den Hundezähnen zu widerstehen.

cen, sie vollständig durchzubeißen. Nylonleinen sind außerdem sehr leicht und daher gut geeignet, um Ihrem Havaneser die Leinenführigkeit beizubringen. Für die täglichen Spaziergänge ist die Nylonleine eine gute Wahl. Wenn Ihr Havaneser größer wird und daran gewöhnt ist, ordentlich an der Leine zu laufen, können Sie auch eine Ausziehleine anschaffen. Diese erlaubt Ihnen einerseits, dem Hund einen größeren Spielraum zu geben, andererseits können Sie ihn aber auch dicht bei sich halten.

Halsband

Sie sollten Ihren Welpen von Anfang an daran gewöhnen, häufig ein Halsband zu tragen, an dem Sie auch einen Adressanhänger befestigen. Außerdem gehören Halsband und Leine zusammen - schließlich müssen Sie die Leine irgendwo befestigen. Ein leichtes Nylonhalsband ist sicher eine gute Wahl. Achten Sie darauf, daß es so eng ist, daß der Welpe nicht hinausschlüpfen kann. Es muß aber weit genug sein, damit es nicht unangenehm am Hals des Havanesers drückt. Zwischen Hals und Halsband sollten zwei Finger breit Platz bleiben. Wenn Ihr Havaneser zu Hause ist sollten Sie das Halsband abnehmen um das weiche Fell nicht zu ruinieren.

Die meisten Ausbilder empfehlen eine leichte Nylonleine für den Havaneser. Zoohandlungen bieten eine große Auswahl an Halsbändern in verschiedenen Arten, Formen und Farben an.

Futter- und Wassernäpfe

Ihr Welpe braucht zwei Näpfe, einen für Futter und einen für Wasser. Sie werden eventuell zwei Garnituren anschaffen, eine für drinnen und eine für draußen. Dies hängt davon ab, wo der Hund meistens gefüttert wird und wo er den größten Teil seiner Zeit verbringt. Häufig werden Edelstahl- oder Hartplastiknäpfe verwendet. Plastiknäpfe werden leichter zerbissen. Hunde kauen normalerweise nicht auf Edelstahl, außerdem können Sie Edelstahlnäpfe leichter sauber halten. Es ist wichtig, stabile Näpfe zu kaufen, weil wie schon gesagt während der Welpenzeit jeder Gegenstand Gefahr läuft, vom Welpen zerbissen zu werden und Sie sicher nicht wollen, daß Ihr Hund ständig seinen Napf zerstört (wegen seiner Sicherheit und wegen Ihres Geldbeutels!).

Putzmittel

Ein Welpe, der nicht stubenrein ist, verursacht eine Menge Schmutz bis er es ist. Es werden immer wieder Unfälle passieren. Im Augenblick ist dies auch noch in Ordnung, er weiß es ja nicht besser. Alle Pfützchen aufwischen ist das Einzige, was sie tun können. Sie brauchen hierzu ein mildes Desinfektionsmittel, das auch den Geruch vollständig aufnimmt.

Wählen Sie das richtige Halsband

Ein **Nylon- oder Lederhalsband** ist die übliche Ausrüstung für Spaziergänge. Achten Sie darauf, daß Sie das Halsband dem Wachstum des Welpen anpassen. Kontrollieren Sie es regelmäßig. Es kann beinahe über Nacht zu eng werden. An diesem Halsband befestigt man die Identifikationsmarke.

Die **Würgekette** wird gewöhnlich zur Ausbildung eingesetzt. Sie besteht aus Stahlgliedern, die leicht durch den Stahlring am Ende gleiten. Der Hund merkt so den unangenehmen Druck im Nacken wenn er zieht. Wenn der Hund aufhört zu ziehen läßt dieser Druck sofort nach. Dieses ist für Havaneser nicht geeignet.

Das **Geschirr** ist für einen erzogenen Hund, der ruhig an der Leine geht. Es ist besonders gut für kleine Hunde geeignet, für die Halsbänder unbequem sind. Es ist für Havaneser ungeeignet, da es zu Veränderungen im Bereich der Schulter führen kann.

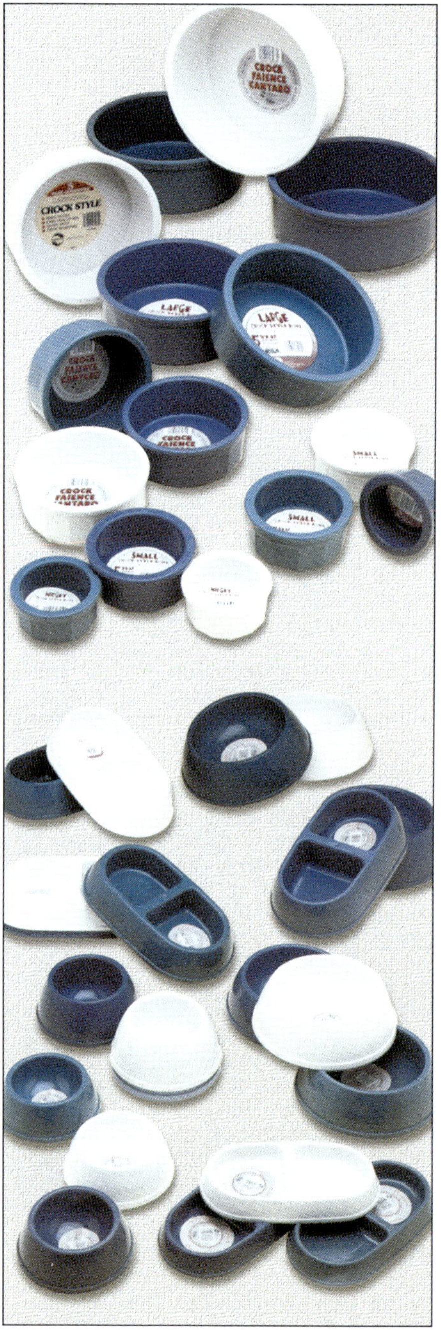

Wählen Sie die Näpfe sorgfältig aus. Diese Näpfe sind aus Hartplastik, Keramik, Ton oder Edelstahl. Die Edelstahlmodelle sind die hygienischste und haltbarste Form.

Zusatzausstattung

Bisher wurden nur die notwendigsten Anschaffungen besprochen. Sie werden selbst herausfinden, was Sie sonst noch brauchen: Haarbürsten, Flohschutz, Babygitter zur Sicherung der Treppen usw.. Diese Sache hängen von Ihrer individuellen Wohnlage ab. Es ist nur wichtig, daß Sie schon vor Ankunft des Welpen alles im Hause

haben, um es ihm gemütlich zu machen und ihn zu füttern.

Machen Sie Ihr Haus welpensicher

Sie müssen nicht nur dafür sorgen, daß es Ihr Havaneser-Welpe in Ihrem Haus bequem hat, auch seine Sicherheit ist ein wichtiger Gesichtspunkt. Sie müssen also Vorsichtsmaßnahmen ergreifen, damit Ihr Welpe an nichts gerät, woran er sich verletzen kann; daß er keinen Zugriff auf Dinge hat, die er nicht schlucken, trinken oder beriechen darf und daß er sich nirgendwo aufhält, wo er sich nicht aufhalten soll. Dies scheint logisch, aber außer mit der Sicherheit Ihres Welpen müssen Sie sich auch damit beschäftigen, daß Ihr Eigentum, von dem jungen Hund, nicht völlig ruiniert wird. Wenn Ihr Hund frei im ganzen Haus herumlaufen darf, sollten zerbrechliche Sachen, außerhalb der Reichweite Ihres Havanesers aufgestellt werden. Wenn Sie seinen Aufenthalt von Anfang an auf bestimmte Bereiche des Hauses beschränken wollen, stellen Sie gefährdete Gegenstände, in den verbotenen

Bereich. Elektrokabel können gefährlich sein, wenn der Welpe sich entscheidet, hineinzubeißen - und wer ist schon in der Lage, einen Welpen davon zu überzeugen, daß dies kein wunderbares Kauspielzeug ist. Kabel sollten daher unter dem Teppich geführt werden oder eng an der Wand befestigt sein. Wenn Sie Ihren Welpen in seinem Körbchen lassen achten Sie darauf, daß nichts in der Nähe seines Korbes ist, in das er seine neugierige kleine Nase lieber nicht hineinstecken sollte. Bewahren Sie alle Haushaltsreiniger und andere Chemikalien außerhalb seiner Reichweite auf, eben genauso wie Sie es bei einem Kleinkind machen würden. Ebenso wichtig ist es, den Garten hundesicher zu machen. Natürlich soll Ihr Welpe niemals unbeaufsichtigt sein, aber wenn er im Garten herumläuft, will er rennen und entdecken und diese Freiheit sollten Sie ihm geben. Lassen Sie sich von Ihrem Zaun nicht ein falsches Gefühl der Sicherheit geben. Sie wären erstaunt, wieviel Kraft und Ausdauer ein Hund aufbringen kann, um sich unter einem Zaun hindurch zu graben oder sich durch schmale Löcher zu quetschen. Auch besteht die Gefahr, daß er über den Zaun springt oder klettert. Das Einzige, was Sie tun können ist, den Zaun so hoch zu machen, daß es wirklich unmöglich für Ihren Hund ist, darüber zu kommen. Außerdem sollte der Zaun ein Stück in den Boden eingelassen sein. Reparieren Sie Löcher im Zaun grundsätzlich sofort. Kontrollieren Sie von Zeit zu Zeit den ganzen Zaun, um sicher zu gehen, daß er in Ordnung ist und keine Reparaturen anstehen. Ein lernfähiger Hund kann immer wieder an derselben Stelle, an der er einmal Erfolg gehabt hat, die Arbeit fortführen, bis er hindurch paßt.

Ein verantwortungsvoller Hundebesitzer entfernt die Hinterlassens chaften seines Hundes in der Öffentlichkeit. Der sogenannte Mistboy erleichtert Ihnen dies.

Erster Tierarztbesuch

So, nun haben Sie Ihren Welpen ausgesucht, Ihr Haus und Ihre Familie sind bereit. Das Einzige, was Sie noch tun müssen ist, Ihren Havaneser-Welpen beim Züchter abzuholen und dann geht der Spaß los, nicht wahr? Es gibt aber noch etwas vorzubereiten und dies ist der erste Tierarztbesuch mit Ihrem Welpen. Vielleicht kann Ihnen der Züchter jemanden in der Gegend nennen, der auf kleine Hunde spezialisiert ist, oder vielleicht kennen Sie andere Havaneser-Besitzer, die mit ihrem Tierarzt zufrieden sind. Sie sollten einen Termin vereinbaren, bevor Sie Ihren Welpen abholen. In den ersten paar Tagen sollten Sie ihn auf jeden Fall zur Untersuchung vorstellen. Der erste Tierarztbesuch des Welpen besteht aus einer Allgemeinuntersuchung, damit Sie sicher gehen, daß Ihr Welpe keine gesundheitlichen Störungen hat, die nicht gleich zu sehen waren. Der Tierarzt wird Ihnen auch das Impfschema nennen. Sie bekommen vom Züchter einen Impfpaß mit und der Tierarzt kann an der richtigen Stelle weitermachen.

Einführung in die Familie

Jeder im Haus wird aufgeregt sein, weil der Welpe kommt, wird ihn streicheln und mit ihm spielen wollen; aber am besten stellen Sie ihn zunächst ganz ruhig den Familienmitgliedern vor, um den Welpen nicht zu überfordern. Er ist sowieso aufgeregt, es ist das erste Mal, daß er ohne seine Mutter ist. Auch sein Züchter ist nicht bei ihm und möglicherweise war die Autofahrt zu Ihnen nach Hause die erste in seinem Leben. Sie sollten nicht auf ihn einreden, dies wird ihn nur noch mehr verunsichern. Das bedeutet nicht, daß gerade in diesem Stadium menschlicher Kontakt nicht extrem wichtig ist, weil dies der Moment ist, in dem das

Welpen sind von Natur aus neugierig und prüfen alles was sie finden können auf Stabilität und Essbarkeit. Deshalb müssen Sie, als Besitzer, Ihre Wertgegenstände aus der Reichweite Ihres Welpen entfernen.

Achten Sie drauf!

Sichern Sie Ihr Haus sorgfältig bevor Sie den Welpen abholen. Benutzen Sie weder Schneckenkorn noch Nagergift, dort wo der Hund es erreichen kann. Vermeiden Sie auch den Gebrauch von Sanitärreinigern. Die meisten Welpen entwickeln eine ungeahnte Energie um schädliche Produkte zu erreichen. Bewahren Sie alle Haushaltschemikalien unbedingt an einem sicheren Platz auf.

Wußten Sie schon?
Untersuchen Sie Ihre Garage nach potentiellen Gefahren für den Welpen. Räumen Sie Unkrautvernichter, Insektenbekämpfer und Frostschutzmittel fort. Frostschutzmittel ist hochgiftig und schon ein paar Tropfen können einen erwachsenen Hund töten.

grundlegende Vertrauenesverhältnis zwischen dem Welpen und seiner menschlichen Familie aufgebaut wird. Freundliche Worte und vorsichtiges Streicheln, wenn er zu Ihnen kommt, wird ihm helfen. Zunächst aber setzen Sie ihn zu Boden und lassen Sie ihn, unter Ihrer Aufsicht, selbst sein neues Zuhause erkunden.
Vielleicht nähert sich der Welpe den Familienmitgliedern oder er ist mit der Erkundung beschäftigt. Nach und nach sollte jede Person sich etwas mit dem Welpen beschäftigen, Einer nach dem Anderen. Sie sollten sich auf den Boden setzen um so weit wie möglich auf die Ebene des Welpen zu kommen, ihm Ihre Hand zum Beriechen geben und ihn liebevoll streicheln. Er braucht notwendig menschliche Aufmerksamkeit und es ist wichtig, daß er gestreichelt wird - dies ist der Moment, in dem die erste Bindung geschaffen wird! Denken Sie daran, daß viele neue Erfahrungen auf Ihren Welpen einstürmen, etliche davon zum Ersten Mal und alle gleichzeitig.
Neue Menschen, neue Geräusche, neue Gerüche, neue Dinge, die er untersuchen muß, also seinen Sie so vorsichtig und freundlich wie Sie eben können.

Die erste Nacht daheim
Sie sind mit Ihrem neuen Familienmitglied zu Hause angekommen, sicher in seinem Körbchen oder in seiner Box. Er war beim Arzt für eine Grunduntersuchung, er wurde gewogen, seine Papiere angeschaut, evtl. wurde er sogar bereits geimpft und entwurmt. Er hat die Familie kennengelernt, die gesamte Familie abgeleckt, vor allem die hocherfreuten Kinder und die weniger erfreute Katze. Er hat seine Umgebung erkundet, sein neues Bett, den Garten und alles andere was Sie ihm erlaubt haben. Er hat seine erste Mahlzeit zu sich genommen und das Gegenteil am richtigen Platz erledigt. Er hat viele neue Geräusche gehört, neue Freunde gerochen und mehr von der Welt um ihn herum gesehen als jemals zuvor.
Der erste Tag ist vorbei. Er ist völlig übermüdet und wirklich bettfertig. So oder ähnlich denken Sie.
Es ist die erste Nacht des Welpen und Sie machen sich fertig zum „Gute Nacht“ sagen.
Behalten Sie im Kopf, daß dies die erste Nacht ist, in

Wußten Sie schon?
Kontrollieren Sie auch Ihren Garten bevor Sie Ihren Welpen abholen. Viele Pflanzen sind ganz oder teilweise giftig für Hunde und Sie können sicher sein, daß Ihr Welpe alle Pflanzen untersucht. Am besten wäre es, Sie würden alle giftigen Pflanzen entfernen.
Fragen Sie Ihren Tierarzt nach einer Liste der giftigen Pflanzen.

der der Welpe allein schlafen soll. Seine Mutter und seine Wurfgeschwister sind nicht mehr in seiner Reichweite und er ist etwas ängstlich, kalt und einsam. Kümmern Sie sich um Ihr neues Familienmitglied, lassen Sie ihn nicht allein! In der Natur müßte der Welpe, der so jung durch irgendeinen Zufall von seinem

Achten Sie drauf!

Es dauert mindestens zwei Wochen, bis Ihr Welpe sich an seine neue Umgebung gewöhnt hat. Geben Sie ihm viel Liebe, Aufmerksamkeit, Pflege und regelmäßige Gelegenheit sich zu lösen, ein angemessenes Futter und einen Platz, der ihm ganz allein gehört. Ihr Hund wird es ihnen danken!

Wußten Sie schon?

Die Abholung beim Züchter zu Ihnen nach Hause, mit dem Auto, kann eine sehr unglückliche Erfahrung für Sie beide bedeuten. Der Welpe ist aus seiner warmen, freundlichen und sicheren Umgebung fortgenommen worden und sitzt in einer fremdartigen neuen Umgebung, die sich zudem auch noch bewegt. Ein guter Züchter wird den Welpen im Autofahren trainieren. Bereiten Sie sich aber trotzdem auf Durchfall, Erbrechen, Winseln, Jaulen und sogar Angstbeißen vor. Wenn Sie Ihren Welpen zu Hause ausreichend trösten und ermutigen wird der Fahrtstreß jedoch bald vergessen sein.

Ihre Havaneser-Familie wächst und wächst. Sogar erfahrene Besitzer empfinden die erste Nacht mit einem Welpen als anstrengend. Mutter, Tochter und Enkelin, „Dolly", „Epoca" und „Blanquita de la Giraldilla" mit einem Welpen aus „Blanquitas" Wurf.

Achten Sie drauf!

Viele Pflanzen sind giftig für Hunde. Wenn Sie Ihren Hund dabei beobachten, daß er Grünzeug im Fang trägt, gehen Sie ruhig und scheinbar desinteressiert zu ihm hin. Vermeiden Sie Augenkontakt, streicheln Sie ihn und nehmen Sie ganz beiläufig die Pflanze aus seinem Fang. Sie können ihm auch einen Leckerbissen anbieten, vielleicht läßt er die Pflanze dann von allein fallen. Vergewissern Sie sich, daß in Ihrem Garten keine Giftpflanzen wachsen.

Rudel getrennt würde, auf jeden Fall sterben. Die einzige Chance für ihn ist, so laut wie möglich zu schreien, in der Hoffnung, daß seine Familie ihn findet. Sie sind jetzt die Familie Ihres Welpen. Stellen Sie seinen Käfig oder sein Körbchen direkt neben Ihr Bett. Wenn er weint lassen Sie Ihre Hand aus dem Bett hängen, damit er merkt, daß er nicht allein ist. Wahrscheinlich genügen die vielen neuen Eindrücke des Tages damit er sofort tief einschläft. Wenn er in der Nacht aufwacht und unruhig wird tragen Sie ihn an seinen Löseplatz, legen ihn wieder in sein Körbchen, streicheln und beruhigen ihn und er wird wieder einschlafen.

Beim vorletzten Besuch beim Züchter haben Sie ein altes Handtuch dort gelassen und bei der Abholung des Welpen wieder mitgenommen. Legen Sie es in sein neues Bett, damit er den Geruch seiner Wurfgeschwister in der Nähe hat. Außerdem gibt es die Möglichkeit, eine Wärmeflasche in sein Körbchen zu legen. Dies kann eine gute Idee sein, wenn der Welpe nicht versucht, daran zu kauen - denn dann ist er naß und unglücklich und weder Sie noch er werden sobald einschlafen.

Die erste Nacht mit dem Welpen kann ein wenig streßig sein; sowohl für den Welpen als auch für seine neue Familie. Denken Sie daran, daß in dieser Nacht die Weichen für Ihre Beziehung gestellt werden. Trösten Sie ihn, versichern Sie ihm, daß er nicht allein ist, spielen Sie aber nicht um Mitternacht oder um zwei Uhr nachts mit ihm, außer, Sie wollen dies auch in Zukunft tun. Ihre Familie und Ihr Welpe werden Ihnen für liebevolle Konsequenz dankbar sein.

Wußten Sie schon?

Zunächst sollten Sie Ihrem Havaneser dieselbe Futtersorte geben, die Ihr Züchter zur Aufzucht verwendet hat. Ihr Züchter wird Ihnen sicher ein paar Tagesrationen mitgeben, damit der Kleine versorgt ist, bis Sie selbst das richtige Futter eingekauft haben. Sie sollten außerdem ein paar besondere Leckerbissen für den Welpen zur Hand haben, die Sie brauchen werden, um ihn zu beruhigen, zu erziehen, zu belohnen. Achten Sie jedoch darauf, daß der Kalorienbedarf eines jungen Welpen verhältnismäßig niedrig ist und die Fütterung von zuviel Leckerbissen leicht eine unerwünschte Gewichtszunahme verursachen kann.

Welpenprobleme vermeiden

Sozialisation

Nachdem Sie nun alle Vorarbeit geleistet haben und der Welpe sich an sein neues Zuhause und an seine neue Familie gewöhnt hat, ist endlich die Zeit für Spaß mit dem Welpen,gekommen. Die Erziehung Ihres Havaneser-Welpen gibt Ihnen die Möglichkeit, ihn überall zu präsentieren. In kürzester Zeit wird Ihr Welpe feststellen, welche Vorteile es hat, wenn man ein kleines wolliges Kerlchen ist und dieses auch weidlich ausnutzen. Jedermann will ihn streicheln und alle finden ihn nur süß. Außer Ihre Familie sollte Ihr Welpe jetzt andere Menschen, Tiere und Situationen kennen lernen. Dadurch wird er während er aufwächst geprägt und wird sich als erwachsener Hund, vor neuen Dingen nicht fürchten oder aggressiv reagieren. Die Erziehung Ihres Welpen hat beim Züchter angefangen, jetzt ist es Ihre Aufgabe, sie fortzuführen. Bis zur 12. Woche befindet sich Ihr Welpe noch in einer sehr beeinflußbaren Lebensphase, in der die Eindrücke, die er von seiner Umwelt erhält, sein späteres Verhalten formen. Wenn Sie jetzt in der Erziehung nachlässig sind, kann im Erwachsenenalter, Angst oder Aggression die Folge sein. Er braucht viel menschlichen Kontakt, Streicheleinheiten und Begegnungen mit anderen Tieren. Seien Sie in der Zeit zwischen der achten und zehnten Woche vorsichtig, denn dies ist eine Zeit, in der Angstreaktionen möglich sind. Behandeln Sie ihn in dieser Zeit besonders liebevoll und vorsichtig.

Wenn Ihr Welpe erst einmal die nötigen Impfungen erhalten hat können Sie ihn ohne Probleme überall mit hinnehmen (an der Straße natürlich nur angeleint!).Nehmen Sie ihn mit in die Nachbarschaft, lassen Sie sich von ihm bei Ihrer Tagesroutine begleiten, lassen Sie ihn von Fremden streicheln, andere Hunde, Katzen und Kaninchen kennenlernen usw.. Welpen haben keine Probleme, Freundschaften zu schließen. Die meisten Menschen werden von selbst auf ihn zugehen. Achten Sie nur darauf, daß

Ein Körbchen mit einer Kisseneinlage ist eine gute Wahl für Ihren Havaneser-Welpen. Bieten Sie ihm ein Spielzeug an, das er mit ins Bett nehmen darf.

Achten Sie drauf!

Ein anderer wichtiger Punkt, den Sie bei der Auswahl des Welpen bedenken müssen, ist das Geschlecht. Wenn Sie eine Hündin auswählen, müssen Sie die zweimal im Jahr auftretende Läufigkeit in Kauf nehmen. Dies bedeutet jedoch kein großes Problem, da Hündinnen sich meistens selbst sehr sauber halten. Die Auswahl, ob Rüde oder Hündin liegt beim Käufer. Unterschiede in Charakter und Wesen gibt es nicht.

Sie jede Begegnung vorsichtig überwachen. Wenn die Nachbarskinder ihn zum Beispiel kennen lernen wollen ist das wunderbar - Kinder und Hunde sind oft großartige Kameraden. Manchmal kann allerdings ein überschwengliches Kind versehentlich zu grob zu einem Welpen sein, oder ein aufgeregter Welpe kann spielerisch etwas zu fest zwicken. Sie sollten darauf achten, daß die Sozialisierungserlebnisse für den Welpen positiv sind. Was ein Hund in dieser sehr beeinflußbaren Phase lernt, wird sein Verhalten bei allen weiteren Begegnungen, beeinflussen. Ein Welpe, der eine schlechte Erfahrung mit einem Kind macht, kann als erwachsener Hund ängstlich oder aggressiv gegenüber Kindern sein und Sie wollen doch, daß Ihr Hund mit jedem in Ihrer Umgebung gut auskommt.

Achten Sie drauf!
Die Erziehung eines Welpen erfordert viel Geduld und kann zeitweise frustrierend sein. Sie sollten jedoch für Ihre Bemühungen einen Erfolg verzeichnen können. Wenn Sie einen Welpen haben der unerziehbar erscheint müssen Sie professionelle Hilfe suchen. Vielleicht handelt es sich einfach um ein Verständigungsproblem zwischen Ihnen und Ihrem Hund.

Weitere Erziehung

Hunde als Rudeltiere brauchen selbstverständlich einen Führer. Sonst versuchen sie, selbst die Rudelführerschaft zu übernehmen. Wenn Sie einen Hund in Ihre Familie aufnehmen liegt es ganz bei Ihnen, wer der Leitwolf und wer das Rudel ist. Der instinktive Anschluß Ihres Welpen an einen Überlegenen, gekoppelt mit der Tatsache, daß es fast unmöglich ist, dem Charme eines Havaneser-Welpen mit seinen großen „Kinderaugen“, die zu groß für seinen Kopf zu sein scheinen, zu widerstehen, gibt ihm beinahe einen unfairen Vorteil beim Kampf um die Oberhand

Havaneser, die ausgestellt werden sollen, brauchen besondere innerartliche Sozialisation. Ausstellungshunde treten regelmäßig gegeneinander an. Ihr Havaneser muß andere Hunde ohne Aggressionen akzeptieren. Diese Hundeausstellung fand in Havana statt.

Wußten Sie schon?
Korrekte Sozialisierung bedeutet nicht nur, daß Ihr Hund neue Menschen kennenlernt, sondern auch, daß er neue Erfahrungen macht. Wie zum Beispiel Autofahren, Fellpflege, Fernsehen, Spaziergänge in der Stadt - die Liste ist endlos. Auch ein Zusammentreffen mit anderen Hunden ist wichtig. Je mehr Erfahrungen Ihr Welpe macht und je positiver die Erfahrungen sind, desto weniger Angst wird er als erwachsener Hund haben, wenn er sich einer neuen Situation ausgesetzt sieht.

und ein Welpe wird selbstverständlich die Grenzen austesten.

Ausprobieren, was er sich erlauben kann und was nicht

Lassen Sie sich von diesen bettelnden Augen nicht verführen - halten Sie Ihren Standpunkt ein, wenn es um das Disziplinieren des Welpen geht und achten Sie darauf, daß alle Familienmitglieder das Gleiche tun. Es wird Ihren kleinen Havaneser nur durcheinanderbringen, wenn die Mutter ihm verbietet, aufs Sofa zu springen, wo er doch andererseits immer dort sitzt, wenn er mit dem Vater zusammen die Abendnachrichten schaut. Um Uneinigkeiten zu vermeiden sollten alle Mitglieder des Haushalts die Regeln festlegen bevor der Welpe ins Haus kommt und sich dann auch daran halten. Die frühe Erziehung formt die Persönlichkeit des Hundes, also sollten Sie sich völlig im Klaren darüber sein, was Sie von ihm erwarten.

Es ist wichtig, beim Besuch des Züchters neben den Welpen auch die Mutterhündin kennen zu lernen. Das Wesen und Verhalten der Mutterhündin hat großen Einfluß auf ihre Nachkommen.

Häufige Probleme mit Welpen

Der beste Weg, Probleme zu vermeiden, ist vorausschauend zu sein und das unerwünschte Verhalten in dem Moment zu unterbinden, in dem es beginnt. Das alte Sprichwort: „Was Hänschen nicht lernt, lernt Hans nimmermehr“ entspricht nicht unbedingt den Tatsachen, aber es ist wahr, daß es viel einfacher ist, einem Welpen schlechtes Benehmen gar nicht erst durchgehen zu lassen, als abzuwarten, bis das schlechte Benehmen des Welpen, eine schlechte Angewohnheit des erwachsenen Hundes, geworden ist. Ich zähle ein paar typische Probleme auf, die in der Entwicklung des Welpen auftreten:

Zerstören

Wenn Welpen zu zahnen anfangen möchten sie ihre Zähne an allem ausprobieren, unglücklicherweise auch an Ihren Fingern, Armen, Haaren, Zehen, was immer sie erwischen können. Im ersten Moment finden Sie dieses Verhalten vielleicht niedlich, bis zu dem Augenblick, an dem Sie merken, wie scharf Welpenzähne sind. Dies ist etwas, was Sie sofort und unmißverständlich mit einem festen „Nein“ oder so vielen festen „Neins“ unterbinden sollten, wie er braucht, bis er verstanden hat, daß es Ihnen ernst ist. Statt Ihres Fingers geben Sie ihm ein Kauspielzeug. Bei einem jungen Hund ist dieses Verhalten nur lästig; es kann jedoch gefährlich werden, wenn der Havaneser seine bleibenden Zähne bekommt, sein Kiefer sich entwickelt und er immer noch meint, daß es in Ordnung ist, an menschlichen Körperteilen zu kauen.

Jaulen, Bellen

Wenn Sie Ihren Welpen allein lassen wird er winseln, heulen

oder jaulen. Dies ist seine Art, nach Aufmerksamkeit zu rufen, sich zu versichern, daß Sie wissen, daß er da ist und daß Sie ihn nicht vergessen haben. Er ist unsicher, wenn er allein gelassen wird, zum Beispiel wenn Sie ihn in einem Zimmer allein lassen und er Sie nicht mehr sehen kann. Der Lärm, den er macht, ist ein Ausdruck der Angst, die er naturgemäß empfindet, wenn er allein ist. Also müssen Sie ihm beibringen, daß Alleinsein in Ordnung ist. Er ist jedoch erst ab dem sechsten Monat psychisch in der Lage, für längere Zeit alleine zu sein. Bis dahin ist es für einen Welpen lebenswichtig, den Anschluß ans Rudel nicht zu verlieren. Ein alleingelassener Welpe wird so lange schreien, bis seine Mutter ihn findet. Nach einem langen Spaziergang und einer ausgiebigen Mahlzeit können Sie den schlafenden Welpen schon mal für ein paar Augenblicke allein lassen. Achten Sie darauf, daß in seinem Körbchen eine gemütliche Decke und ein paar Spielsachen sind. Sie sollten möglichst bei ihm sein, bevor er sich verlassen fühlt und zu jaulen beginnt. Wenn Sie die Zeit Ihrer Abwesenheit sehr, sehr langsam bis auf etwa fünf Minuten steigern, ist dies vorsichtig genug, um Ihren Welpen daran zu gewöhnen, daß ihm nichts Böses passiert, auch wenn Sie nicht da sind. Er muß sich in seinem Körbchen wohl, warm und sicher fühlen. Am besten ist es, wenn er Ihre Abwesenheit gar nicht richtig bemerkt und Sie ihn intensiv loben, sobald Sie wieder bei ihm sind. Mit der konsequenten Erziehung zum Alleinlassen können Sie aber erst beginnen, wenn er mit sechs Monaten psychisch in der Lage ist, allein zu bleiben und seine Blase für längere Zeit zuverlässig kontrollieren kann.

Wußten Sie schon?

Das Kauen ist ein natürliches Verhalten beim zahnenden Welpen, der immer auf der Suche nach einer Möglichkeit ist, seinen schmerzenden Gaumen zu beruhigen. Anstatt an Ihnen zu kauen könnte er vielleicht eine Vorliebe für Ihre Lieblingsschuhe entwickeln oder für etwas Anderes, was er besser nicht zerkauen sollte. Denken Sie daran, daß es sich hierbei um normales Hundeverhalten handelt, das nicht getadelt werden darf sondern in die richtigen Bahnen gelenkt werden muß. Ihr Welpe muß lernen, woran man kauen darf und was verboten ist. Sagen Sie ihm konsequent NEIN! wenn Sie ihn dabei erwischen, daß er auf etwas Verbotenem kaut und geben Sie ihm ein Kauspielzeug. Loben Sie ihn aber auch überschwenglich wenn er etwas Geeignetes zernagt. So machen Sie das unerwünschte Verhalten unattraktiv und verstärken das erwünschte Verhalten. Der Kautrieb des Welpen sollte aufhören wenn die Zähne vollständig gewechselt sind. Aber viele erwachsene Hunde kauen weiterhin aus verschiedenen Gründen - vielleicht aus Langeweile, vielleicht um Spannungen abzubauen, vielleicht auch einfach nur, weil sie gerne kauen. Deshalb ist es wichtig, diesen Trieb bereits beim Welpen, in die richtige Bahn zu lenken.

Die tägliche Pflege Ihres Havanesers

Fütterung

Früher war der Hund ein Raubtier aber Jahrhunderte der Domestikation und Gesellschaft mit dem Menschen haben ihn zu einem Allesfresser gemacht. Das ist eine gute Sache.

Achten Sie drauf!

Die Auswahl des besten Trockenfutters ist schwierig. Es gibt keine generelle Übereinstimmung zwischen den Wissenschaftlern über die genaue Zusammensetzung des Futters (Protein, Fett, Rohfaser, Feuchtigkeit, Asche, Cholesterol, Mineralstoffe usw.). Sie sind sich jedoch einig, daß Fertigfutter meist recht ausgewogen sind. Sie als Besitzer jedoch müssen auf Ihren individuellen Hund eingehen. Sein Gewicht, Alter, seine Aktivität und sein Geschmack müssen berücksichtigt werden. Wahrscheinlich ist es am besten, Sie besprechen diese Frage mit Ihrem Züchter. Die Bedürfnisse jedes Hundes ändern sich im Laufe des Lebens.

Wenn Sie Ihrem Hund ein gutes Trockenfutter geben, müssen Sie weder Fleisch, noch Mineralstoffe noch Gemüse hinzufügen. Hunde lieben eine gewisse Abwechslung in ihrem Futter also werden Sie vielleicht dazu tendieren, bei einer Sorte zu bleiben, jedoch die Geschmacksrichtungen abwechseln.

Vielleicht wollen Sie auch etwas „Menschennahrung“ hinzufügen um den Geschmack zu variieren.

Sie können also außer einer Portion Fleisch und tierischem Protein Gemüse und Früchte zu seiner Nahrung hinzufügen um ihn gesund zu erhalten. Vermeiden Sie Süßigkeiten und gebratenes Futter und geben Sie Ihrem Hund natürlich niemals kleine Knochen. Viele handelsüblichen Trockenfuttersoten enthalten alle nötigen Proteine und Mineralstoffe, die Ihr Hund für eine ausgewogene und gesunde Ernährung braucht.

Die Auswahl der Futtersorten für Ihren Havaneser ist sehr groß. Es gibt Dutzende in allen Geschmacksrichtungen und -formen, angefangen bei der Welpendiät bis zum Seniorfutter. Es gibt sogar hypoallergene und kalorienreduzierte Diätfuttersorten. Weil die Ernährung Ihres Havanesers direkte Auswirkungen auf sein Fell, seine Gesundheit und sein Wesen hat, ist es wichtig, daß Sie die richtige Futtersorte für einen Havaneser seines Alters, auswählen. Man muß jedoch sagen, daß auch erfahrene Leute, die wirklich das Beste für ihren Hund wollen, von der enormen Auswahl an Futtersorten verwirrt werden. Nur das Verständnis für die Bedürfnisse Ihres Hundes kann Ihnen die Wahl des Futters erleichtern. Es gibt drei grundlegende Arten von Hundefutter: Trockenfutter, Halbfeuchtfutter und gefrorenes- oder Dosenfutter.

Achten Sie drauf!
Bewahren Sie Ihr Trockenfutter sorgfältig auf. Offene Hundefutterpackungen verlieren schnell ihren Vitamingehalt, gewöhnlich innerhalb von drei Monaten nach dem Öffnen. Schimmelsporen und Insekten können außerdem das Futter verderben.

Dank der großen Futterauswahl heutzutage ist die Ernährung Ihres Havanesers recht einfach. Ihr Züchter und der Tierarzt wird Ihnen eine Futtersorte für Ihren Havaneser empfehlen.

Trockenfutter sind gut für den Geldbeutel, weil sie wesentlich billiger sind als halbfeuchte- oder Dosenfuttersorten. Trockenfutter enthält das wenigste Fett und die meisten Konservierungsstoffe. Ein großer Teil der Dosennahrung enthält 60 bis 70 % Wasser. Halbfeuchte Futtersorten wiederum enthalten zuviel Zucker und dies lehnen die meisten Hundebesitzer ab, obwohl die Hunde sie lieben (so, wie Kinder Süßigkeiten lieben).
Drei Entwicklungsstufen müssen Sie beachten, wenn Sie für Ihren Havaneser ein Futter aussuchen: das Welpenalter, das Erwachsenenalter und das Senioralter.

Welpenalter
Welpen wollen instinktiv Milch aus den Zitzen ihrer Mutter saugen und ein normaler Welpe wird dieses Verhalten bereits ein paar Augenblicke nach der Geburt zeigen. Wenn Welpen innerhalb der ersten halben Stunde nicht von selbst anfangen zu trinken sollten Sie ihnen helfen, indem sie die Welpen an eine Zitze, die möglichst viel Milch führt, anlegen. Diese frühe Milchaufnahme ist wichtig, weil das sogenannte Kolostrum Antikörper enthält, die den Welpen während der ersten acht bis zehn Lebenswochen gegen Krankheiten immunisieren. Muttermilch ist natürlich viel besser als jede Aufzuchtmilch, aber es gibt ein paar sehr gute Aufzuchtmilch-Produkte auf dem Markt. Wenn die Mutterhündin nicht in der Lage ist

Wußten Sie schon?
Ein guter Maßstab für die richtige Ernährung ist, Farbe, Geruch und Festigkeit des Stuhlgangs Ihres Hundes. Ein gesunder Hund produziert ungefähr drei mittelfeste Stuhlgänge pro Tag. Sie sollten keinen auffällig unangenehmen Geruch ausströhmen. Die Farbe sollte möglichst bei jedem Stuhlgang ähnlich sein.

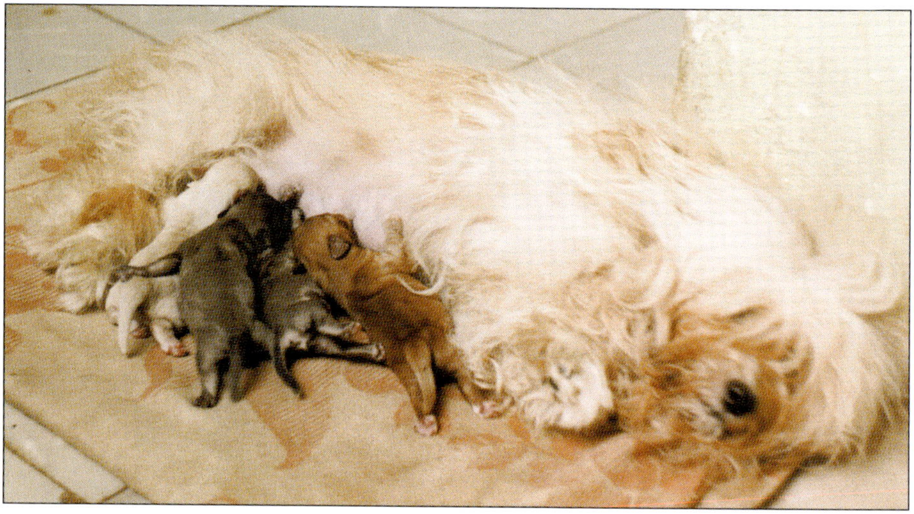

Während der ersten sechs Lebenswochen werden die Welpen von ihrer Mutter gesäugt. Ab der 3. oder 4. Woche beginnt die Entwöhnung.

Wußten Sie schon?

Hundefutter muß Zimmertemperatur haben und darf weder zu heiß, noch zu kalt sein. Frisches Wasser, das täglich gewechselt und in einer sauberen Schüssel angeboten wird, ist eine Grundvoraussetzung, besonders, wenn der Hund mit Trockenfutter ernährt wird.

Füttern Sie Ihren Hund niemals vom Tisch, während Sie essen. Geben Sie ihm auch keine Essensreste von Ihrer eigenen Mahlzeit. Diese enthalten meistens zuviel Fett und zu viele Gewürze.

Hunde müssen Ihr Futter kauen. Harte Pellets sind genau richtig, Suppen und Breie sollten Sie vermeiden.

Einem ausgewogenen Hundefutter brauchen Sie nichts hinzuzufügen. Sie laufen Gefahr, durch Zusätze die Ausgewogenheit zu stören.

Außer durch altersbedingte Umstellung brauchen Hunde keine Abwechslung in ihrer Ernährung. Sie können täglich dieselbe Nahrung vertragen ohne ihrer überdrüssig zu werden oder zu erkranken.

ihre Welpen zu säugen müssen Sie die Welpen füttern. Für jemanden mit wenig Erfahrung ist es wichtig, den Rat eines Tierarztes einzuholen, damit der Welpe nicht nur die richtige Menge, sondern auch in der richtige Verdünnung und zum richtigen Zeitpunkt seine Aufzuchtmilch erhält. In den ersten paar Tagen müssen die Welpen Tag und Nacht alle zwei Stunden gefüttert werden. Die Säugezeit beträgt etwa sechs Wochen. Ab der 4. Woche müssen Sie langsam beginnen, die Welpen von ihrer Mutter zu entwöhnen, indem Sie kleine Portionen fester Nahrung anbieten. Die meisten Züchter reichen abwechselnd Milch- und Fleischmahlzeiten, die sie bis zur Entwöhnung steigern. Mit etwa acht Wochen sollten die Welpen komplett entwöhnt sein und sich ausschließlich von einem guten Welpenfutter ernähren. Gerade jetzt ist eine gute Futtersorte besonders wichtig, da der Welpe und Junghund die schnellste Wachstumsphase im ersten halben Jahr durchläuft. Sie können Ihren Tierarzt nach einem guten Aufzuchtfutter fragen. Diese Sorte sollten Sie beibehalten bis der Hund etwa zwölf Monate alt ist. Welpen- und Juniorfutter sollte alle Nährstoffe, die Ihr Hund braucht, in ausbalanciertem Verhältnis enthalten. Dann sind Zugaben von Vitaminen, Mineralstoffen und Proteinen nicht nötig.

Die Fütterung des erwachsenen Hundes

Ein Hund wird als erwachsen angesehen wenn sein Körperwachstum abgeschlossen ist. Im Allgemeinen können Sie bei der Ernährung eines Havanesers also im Alter von zehn bis zwölf Monaten zu einem Erwachsenenfutter überwechseln. Sie sollten wieder Ihren Tierarzt oder den Züchter befragen, welches Futter er für den erwachsensen Hund empfiehlt. Die meisten Hundefutter-Hersteller spezialisieren sich auf diesen Futtertyp und Sie müssen ausprobieren, mit welcher Sorte Ihr Hund am besten zurechtkommt. Sehr lebhafte Hunde brauchen eine andere Zusammensetzung als ruhige Hunde.

Die Ernährung des älteren Hundes

Wenn Hunde älter werden ändert sich ihr Stoffwechsel. Der alte Hund bewegt sich weniger und langsamer, er schläft mehr. Diese Änderung seiner Gewohnheiten und biologischen Abläufe erfordert auch eine Umstellung des Futters. Weil dieser Wechsel langsam stattfindet ist er nicht leicht zu erkennen. Leicht zu erkennen ist jedoch Gewichtszunahme. Wenn Sie konti-

Achten Sie drauf!

Viele Futtersorten für erwachsense Hunde enthalten Getreide. Dies ist nicht falsch, solange sie kein Sojamehl enthalten. Futtersorten mit hohem Getreideanteil verursachen häufig Blähungen beim Hund.

Futtersorten mit Getreide sind oftmals sehr preisgünstig und ein gutes preisgünstiges Futter ist genau so gut wie das teuerste Hundefutter mit viel tierischem Proteinanteil.

In manchen Fällen braucht Ihr Hund jedoch eine besondere Diät. Diese besondere Diät sollte ausschließlich von Ihrem Tierarzt verordnet werden.

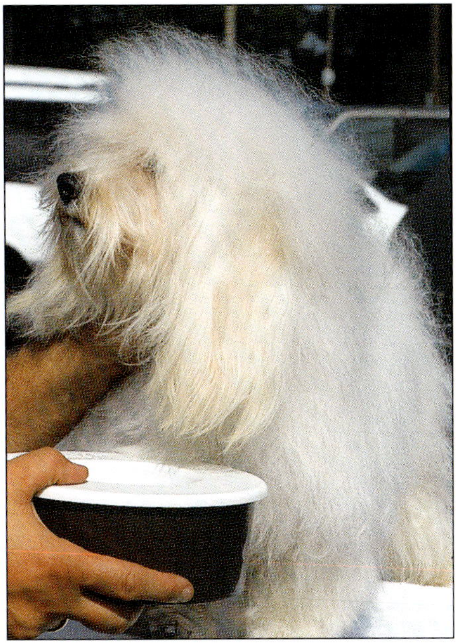

Erwachsene Hunde müssen nur einmal am Tag gefüttert werden, einige Züchter empfehlen jeoch zwei kleine Mahlzeiten.

nuierlich Ihrem Hund ein Erwachsenenfutter geben, nachdem sich sein Stoffwechsel verlangsamt, wird er an Gewicht zunehmen. Übergewicht bei alten Hunden verstärkt aber die Gesundheitsprobleme, die sowieso mit dem höheren Alter einhergehen.
Wenn Ihr Hund älter wird, läßt auch die Funktionstüchtigkeit seiner inneren Organe nach. Die Arbeit der Nieren verlangsamt sich und die Verdauung wird weniger effizient. Auf diese altersbedingten Probleme gehen Sie am besten ein, indem Sie das Futter wechseln und seine Eßgewohnheiten ändern. Geben Sie mehrere kleine Mahlzeiten, die leichter verdaulich sind.
Es gibt kein besonderes Futter, das für jeden alten Hund, gleich gut, geeignet ist. Vielen Hunden bekommt ein Leicht- oder Senior-Futter gut, andere kommen besser mit Welpen-Futter oder speziellem Premium-Futter, zum Beispiel Lamm- und Reisfutter, zurecht.

Obwohl der Havaneser ein kleiner Hund ist, genießt er die Gelegenheit, seine Beine zu strecken. Es ist allerdings nicht ratsam, Ihren Havaneser in Straßennähe ohne Leine laufen zu lassen.

Ein aufmerksamer Umgang mit der Ernährung Ihres alternden Havanesers wird dazu führen, daß die altersbedingten Probleme gering sind und Sie länger Freude an Ihrem alten Freund haben.

Wasser
So wie der Hund eine ausreichende Nährstoffversorgung durch sein Futter braucht, ist auch das Wasser ein wichtiger Teil seiner Ernährung. Genügend Wasser sorgt dafür, daß der Körper des Hundes genügend Flüssigkeit enthält und seine Organe gut funktionieren. Während der Erziehung zur Stubenreinheit müssen Sie ein Auge darauf haben, wieviel Ihr Havaneser trinkt. Wenn er erst mal zuverlässig sauber ist, sollte er ständigen Zugang zu frischem sauberem Wasser haben. Achten Sie darauf, daß der Trinknapf des Hundes sauber ist und wechseln Sie das Wasser häufig.

Bewegung
Obwohl der Havaneser ein kleiner Hund ist, braucht dieser Hund, wie alle anderen Hunde auch, ein gewisses Maß an Bewegung, ungeachtet der Größe. Faulheit ist für einen Hund genauso schädlich, wie für einen Menschen. Der Havaneser ist eine recht aktive Hunderasse die Bewegung genießt, aber Sie müssen kein Marathonläufer sein! Regelmäßige Spaziergänge, Spielstunden im Garten oder freier Auslauf Ihres Hundes unter Aufsicht sind geeignete Bewegungsformen für den Havaneser. Für die Menschen, die mehr tun wollen, sei gesagt, daß der Havaneser auch lange Spaziergänge, eine gelegentliche Joggingrunde oder einen Ausflug ans Meer genießt. Denken Sie daran, daß ein übergewichtiger Hund niemals plötzlich ein Übermaß an Bewegung haben sollte. Sie müssen darauf achten, seinen Auslauf langsam zu steigern. Bewegung ist jedoch nicht nur

Womit füttern Sie Ihren Hund?

NÄHRSTOFFE:
1.3% Calcium
1.6% Fettsäuren
4.6% Rohfaser
11% Feuchtigkeit
14% Fett
22% Protein

Unbekannt
45.5% ? ? ?

Lesen Sie das Etikett auf Ihrem Hundefutter. Die meisten Hersteller weisen nur 50 bis 55 % der Inhaltsstoffe aus und die restlichen 45,5 % bleiben zweifelhaft.

Die Pflege des langen seidigen Havaneserfells ist nicht so schwierig wie es aussieht.

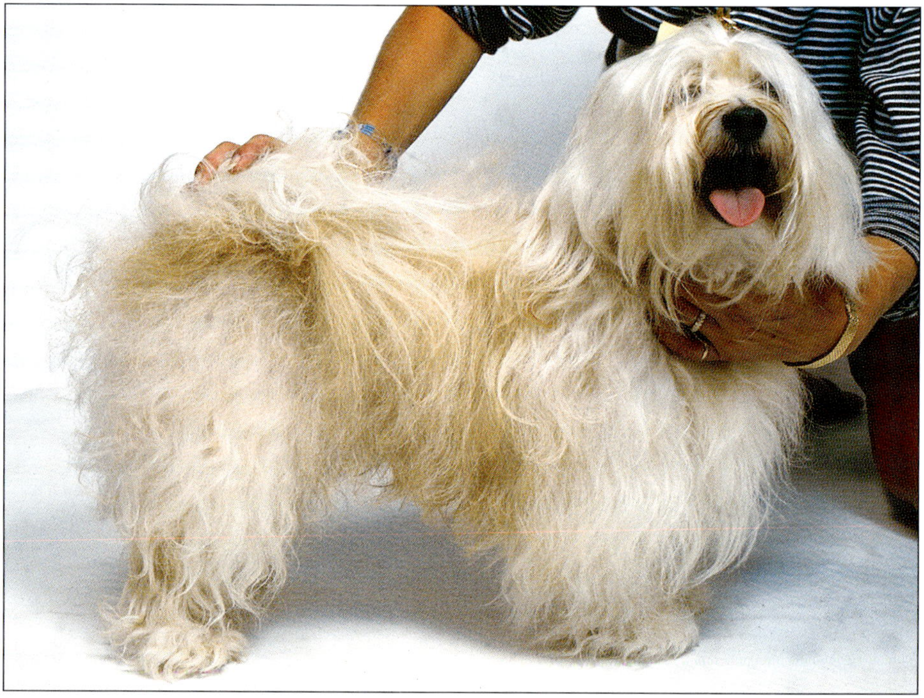

Gegenüberliegende Seite: Gesundes Hundehaar, zweihundertmal vergrößert. Das kleine Bild zeigt die Spitze eines wachsenden Haares, tausendfach vergrößert. (Elektronenmikroskopische Aufnahme.)

Wußten Sie schon?

Wieviel Pflegeausrüstung Sie brauchen, hängt davon ab, wieviel Pflege Sie selbst übernehmen.
Dies ist die Grundausrüstung:

- Bürste mit Naturborste
- Drahtbürste
- Metallkamm
- Schere
- Gummimatte
- Hundeshampoo
- Ohrenreiniger
- Wattestäbchen
- Handtücher
- Krallenzange
- Fön
- Zahnbürste

grundlegend wichtig um den Körper des Hundes fit zu halten, sie ist auch ein wichtiger Faktor für seine psychische Zufriedenheit. Ein gelangweilter Hund wird sich eine Beschäftigung suchen wobei es häufig vorkommt, daß er anfängt, Sachen zu zerstören. Somit ist ausreichende Bewegung auch wichtig für die Zufriedenheit des Besitzers.

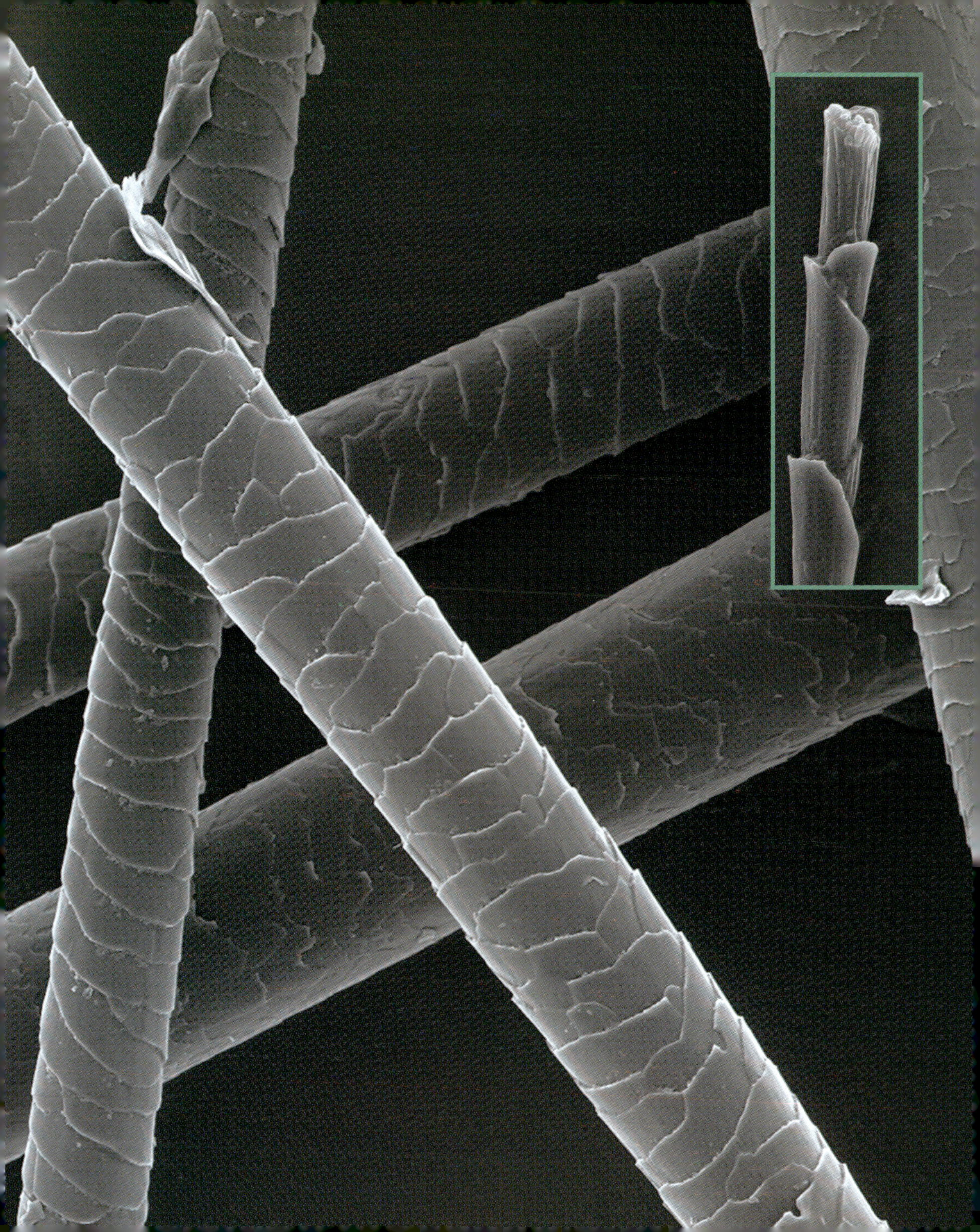

Pflege

Bürsten

Professionelle Hundepfleger setzen den Havaneser auf einen Tisch, leinen ihn zur Sicherheit an und kämmen das Fell während sie es mit einem Fön auflockern. Der Anfänger wird wahrscheinlich zuerst den Fön benutzen und das Fell erst kämmen wenn es trocken ist. Wenn Sie die erste Methode anwenden benutzen Sie eine Bürste oder einen weichen Striegel. Bei der zweiten Methode brauchen Sie einen Metallkamm mit einzelnen Zinken (ungefähr zehn Zähne auf 3 cm). In beiden Fällen müssen Sie darauf achten, daß Ihr Hund schichtweise gekämmt werden muß. Dies bedeutet, daß die verschiedenen Lagen des Felles hochgenommen und einzeln gekämmt werden; beginnend mit der Fellschicht dicht an der Haut.

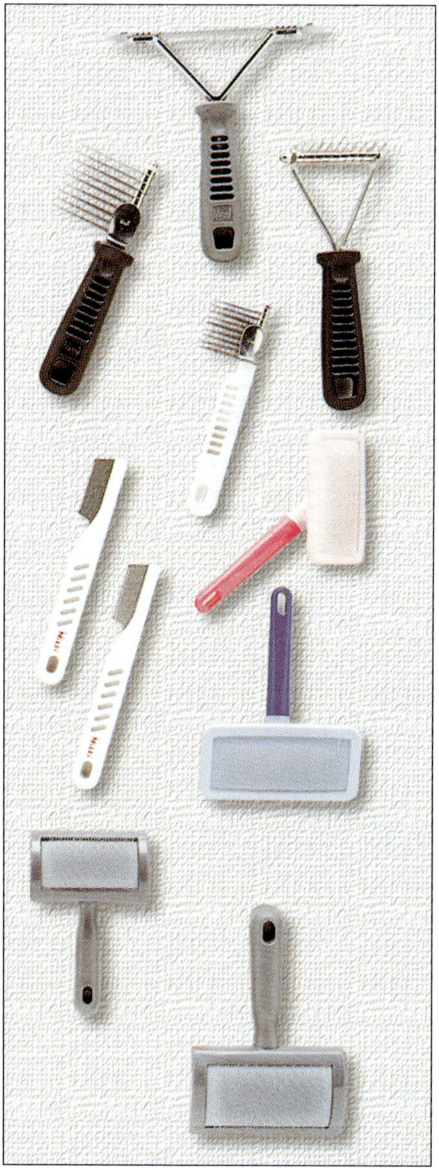

Ihre Zoohandlung bietet eine große Auswahl von Pflegeutensilien an, die für Ihren Havaneser geeignet sind.

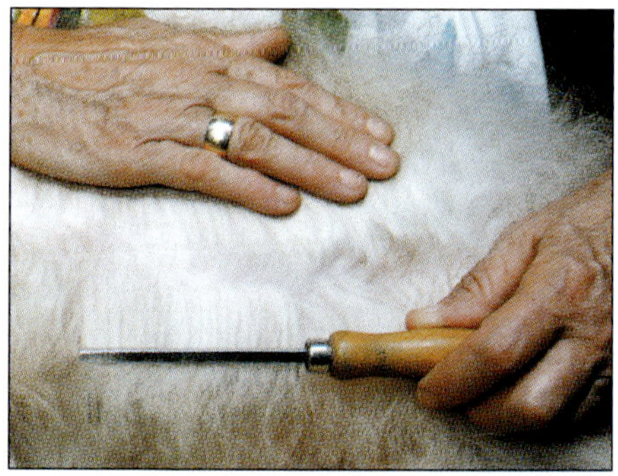

Scheiteln Sie das Fell Ihres Havanesers beim Kämmen nicht. Kämmen Sie ihn Stück für Stück und entfernen Sie eventuelle Verfilzungen. Zum Schluß bürsten Sie ihn durch.

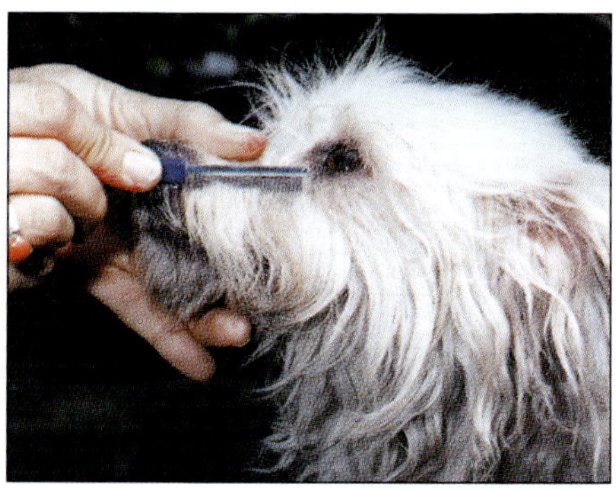

Ein kleiner Metallkamm ist gut für das Fell am Fang des Havanesers geeignet.

Wenn die Ohren durchgekämmt sind bürsten Sie sie leicht über, um ihnen ein natürliches Aussehen zu verleihen.

Bürsten Sie zunächst die Fellschicht dicht auf der Haut und arbeiten Sie sich dann langsam zum Deckhaar durch.

Die Schönheit eines gepflegten Havanesers besteht darin, daß er immer noch zerzaust und pflegeleicht aussieht. Dies ist „Bella", Besitzerin ist Katy Trevilla aus Kuba. Der Hund sollte niemals das geschorene wohlfrisierte Aussehen eines Bichon Frise oder Pudels haben.

Zum Schluß wird das Deckhaar oder die äußere Schicht, die man sieht, gekämmt. Fangen Sie mit den Beinen und Füßen an und gehen Sie dann zur Rute und zum Bauch über, arbeiten Sie sich von vorn nach hinten durch. Anschließend pflegen Sie Brust und Hals und zum Schluß den Kopf. Im Bereich des Nasenspiegels sollten Sie einen kleineren Metallkamm mit engeren Zinken benutzen.

Wenn Sie den Hund nach dieser Methode, mindestens zweimal pro Woche pflegen, können Sie Filzbildung zuverlässig vermeiden. Während des Kämmens müssen Sie darauf achten, das Fell nicht auszureißen. Am besten arbeiten Sie nacheinander kleine Bereiche durch, langsam und geduldig, um unerwünschten Haarverlust zu vermeiden. Wenn Sie gelegentlich auf einen Filzknoten stoßen, empfehlen wir folgendes Verfahren: schneiden Sie die Knoten möglichst nicht auf; versuchen Sie jeden mit den Fingern zu entwirren indem Sie die Haare aus der Mitte nach außen ziehen. Wenn Sie den Knoten erst mit den Fingern geöffnet haben können Sie einen Entfilzungskamm benutzen. Das ist ein spezieller Kamm, der lange, weit auseinanderstehende geschärfte Zinken, mit abgerundeten Enden hat, damit Hautverletzungen vermieden werden. Zur Vermeidung von Verletzungen bei der Benutzung des Entfilzungskamms sollten Sie immer Ihre Finger zwischen Haut und Kamm halten. Nach Möglichkeit sollten Sie das Herausschneiden von Knoten vermeiden.

Pflegen Sie Ihren Havaneser Stück für Stück, aber scheiteln Sie das Fell nicht wie es manche Menschen tun und dadurch eine Teilung, die über die volle Länge des Rückens und sogar bis hin zu Hals und Kopf geht,

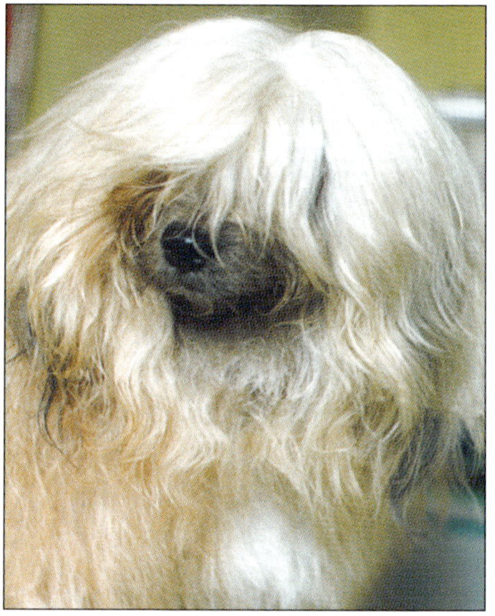

verursachen. Hierdurch wird das Bild des Hundes zerstört. Wenn Sie einen Abschnitt gekämmt haben und sicher sind, daß er filzfrei ist, bürsten Sie den Abschnitt hoch und lassen das Fell natürlich fallen. Der Havaneser wird sich schütteln und so sein Fell in die natürliche Fließrichtung bringen.

Baden

Der Havaneser, der in einem tropischen Klima lebt, muß monatlich gebadet werden, wenn sein Fell schmutzig ist. Er kann jedoch sauber gehalten werden durch Trockenbäder mit Talkumpuder. In kaltem Klima sollte der Havaneser weniger häufig gebadet werden, aber seine Haut muß sauber sein. Denken Sie daran, daß jedesmal, wenn Sie einen Hund baden, die natürliche Fettschicht des Felles zerstört wird, die es weich und glänzend erscheinen läßt.

Weil das Fell ein signifikanter Faktor bei der Schönheit des Havanesers ist, müssen Sie besondere Schutzmaßnahmen ergreifen, wenn Sie den Hund baden. Zuerst sollten Sie (vor dem Bad), alle Verfilzungen und Verklebungen entfernen. Um dies zu vereinfachen können Sie eine Lösung aus Wasser und Entfilzungsmittel auf das Fell sprühen, um das Haar sodann geduldig mit Bürste oder Striegel zu entwirren. Hierbei ist darauf zu achten, daß keine Haare ausgerissen werden. Nur nach kompletter Entfilzung können Sie den Hund baden. Ein Hund, der gut gepflegt ist, wird dieses Problem nicht haben und kann ohne jegliche Vorbereitung gebadet werden.

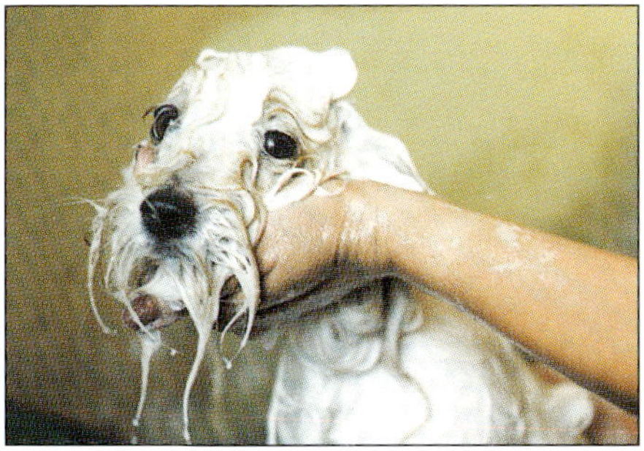

Achten Sie darauf, daß keine Seife in die Augen Ihres Havanesers kommt. Kleine Wattebäusche schützen die Ohren vor eindringendem Wasser.

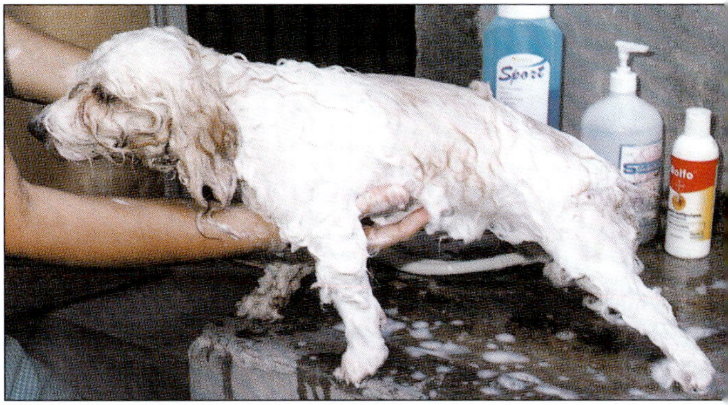

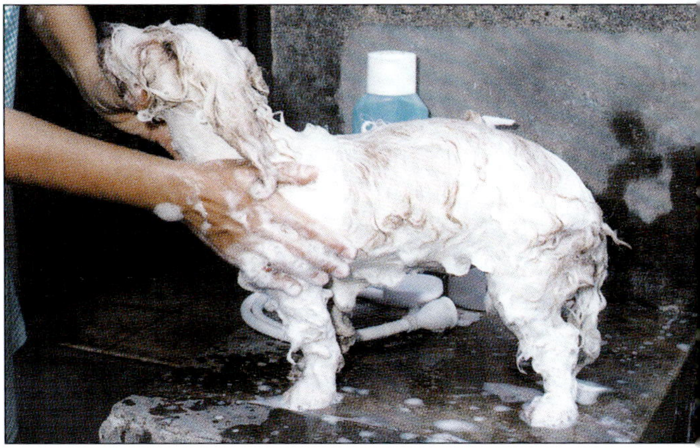

Baden Sie niemals einen ungekämmten Havaneser! Im warmen Klima, wie es in Kuba herrscht, muß ein Havaneser öfter gebadet werden als in feuchterem kälterem Klima.

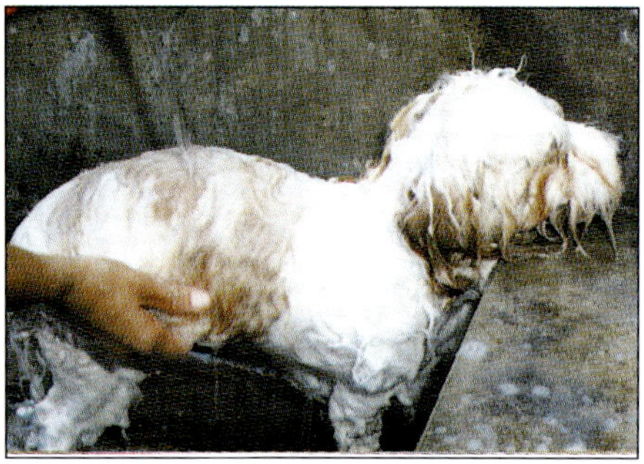

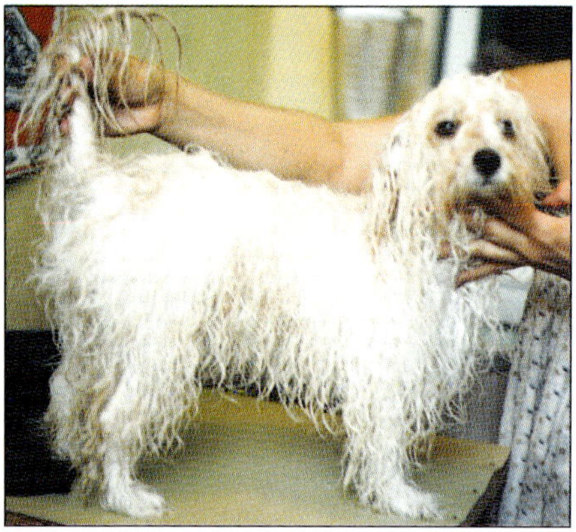

Spülen Sie das Shampoo gründlich aus. Shampooreste im Fell können Hautreizungen bei Ihrem Havaneser verursachen. Trocknen Sie den Hund gründlich mit Hilfe von Handtuch und Fön.

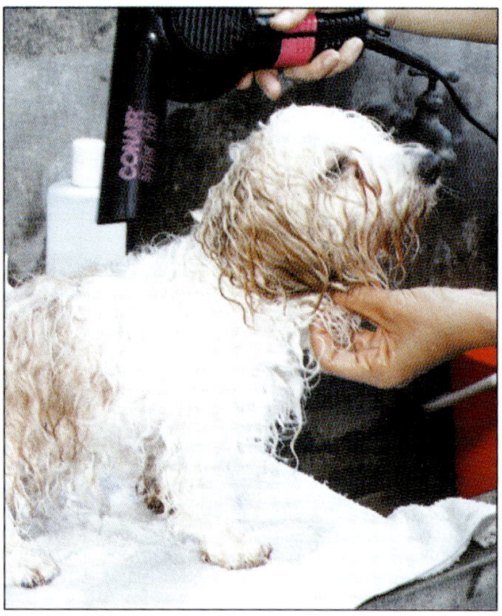

Halten Sie den Fön nicht zu dicht ans Fell, damit Sie den Hund nicht verbrennen.

In Kuba werden Hunde, wegen des heißen Klimas, meistens in kaltem Wasser gebadet, nur während der Wintermonate benutzt man warmes Wasser. In kälterem Klima wird der Havaneser-Besitzer die Wassertemperatur der Umgebung anpassen, so daß das Wasser weder zu kalt noch zu heiß ist.

Das Shampoo sollte Kokusnussöl, Aloe vera oder anderes Öl enthalten, damit die Haut Ihres Lieblings feucht bleibt. Machen Sie den Hund gründlich naß und geben Sie Shampoo auf Rumpf, Rute, Beine, Füße und zum Schluß auf den Kopf. Hierbei müssen Sie darauf achten, daß kein Shampoo in die Augen läuft. Zu diesem Zweck können Sie kleine Wattepads auf die Augen

Achten Sie drauf!

Wenn Sie sicher sind, daß alle Shampooreste aus dem Fell des Hundes herausgespült sind, drücken Sie mit der Hand das überschüssige Wasser aus seinem Fell und tocknen ihn dann, mit einem Handtuch ab. Sie können entweder einen Fön benutzen, oder den Hund auf natürliche Weise trocknen lassen. Bei Kälte lassen Sie Ihren Hund niemals mit nassem Fell nach draußen.

Es werden auch „Trockenbad-Produkte“ angeboten. Dies sind Sprays und Puder, die für die Reinigung kleinerer Stellen geeignet sind. Wenn es nötig ist, können Sie zwischen den regelmäßigen Bädern, benutzt werden. Jedoch kann kein Trockenbad das regelmäßige Baden ersetzen. Es ist allerdings praktisch für die schnelle Handhabung, da weder Ausspülen noch Trockenfönen erforderlich ist.

legen. Spülen Sie das Shampoo gründlich aus und geben Sie zum Schluß eine verdünnte Pflegespülung ins Haarkleid. Je nach Sorte kann die Spülung im Fell belassen werden damit es weicher und einfacher kämmbar wird oder es muß gründlich ausgespült werden.
Das Fell des tropfnassen Havanesers sollten Sie vorsichtig ausdrücken und danach dem Hund Gelegenheit

Wußten Sie schon?
Die Benutzung von Seifenprodukten für Menschen, wie Shampoo, Schaumbad und Seife kann großen Schaden an der Haut und dem Fell Ihres Hundes anrichten. Menschliche Produkte sind zu scharf und entfernen den Fettmantel des Felles und der Haut vollständig, so daß der Hund beim nächsten Regen völlig durchnäßt wird.
Wenn der Havaneser sehr schmutzig ist, oder wenn der Tierarzt ein medizinisches Bad verschreibt, muß er gebadet werden. Benutzen Sie jedoch auf jeden Fall ausschließlich spezielle Hundeshampoos.

geben, sich gründlich zu schütteln. Zum Schluß können Sie den Hund vorsichtig mit einem Handtuch abtrocknen. Achten Sie darauf, die Spülung nicht herauszureiben wenn Sie eine bleibende Sorte benutzt haben.

Augenpflege

Manchmal tränen die Augen eines Havanesers, wodurch sich Ablagerungen unter seinen Augen bilden. Wenn dies passiert spülen Sie die Augen mit einem Mittel, welches Sie bei Ihrem Tierarzt erhalten können und reinigen Sie jeden Augenwinkel mit einem frischen Stück Watte. Sie können auch einen kleinen feinzahnigen Kamm benutzen um diese Stelle sauber zu halten.
Eine andere Methode, das Gesicht sauber zu halten ist, das Kopfhaar zu einem Topknot zusammen zu binden, damit es nicht in die Augen fällt. Sie sollten sich diese Methode von einem Hundefriseur zeigen lassen damit das Haar nicht ausreißt oder abbricht. Besonders wichtig ist dies, wenn Sie Ihren Havaneser ausstellen wollen, weil bei dieser Rasse im Ring keine Topknots oder anderer Haarschmuck erlaubt sind.

An warmen Tagen genießt Ihr Havaneser ein Sonnenbad, denn er ist ein tropischer Hund, der die Sonne liebt. „Sugar“, Besitzerin Barbara Monteagudo.

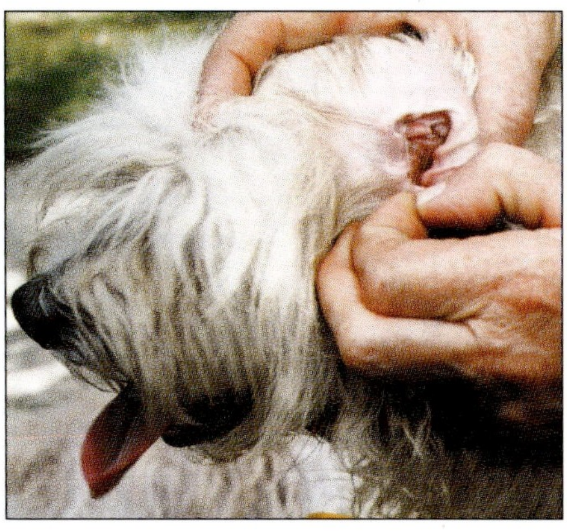

Saubere Ohren sind frei von Schmutz und Absonderungen. Benutzen Sie einen Wattebausch oder Baumwolltupfer und Ohrreiniger um die Ohrmuschel zu säubern.

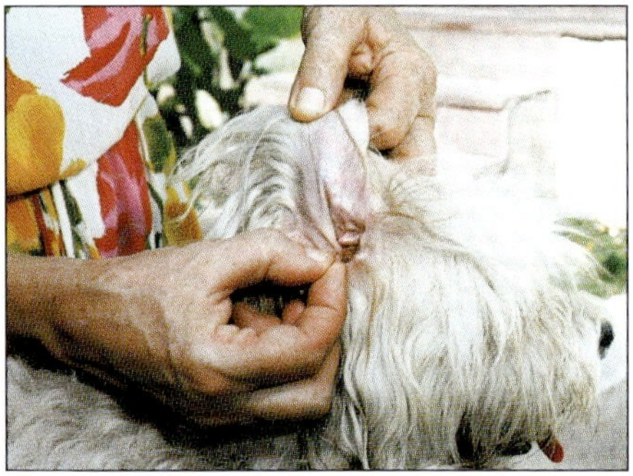

Entfernen Sie die Haare, die im Ohr wachsen vorsichtig, damit Sie Ihrem Hund nicht weh tun.

Ohrenpflege

Um die Ohren zu reinigen sollten Sie zuerst kleine Baumwolltupfer, wie die Ärzte sie im Krankenhaus benutzen, verwenden. Die Haare im Ohr entfernen Sie mit einer Pinzette, anstatt die Finger zu benutzen. Sie sollten hierbei sehr vorsichtig sein und nicht an stärkeren Haarbüscheln ziehen, da der Hund im Ohr sehr schmerzempflindlich ist. Schließlich können Sie die Ohren mit einem in Ohrenreiniger getauchten Wattebausch auswischen. Ohrenreiniger gibt es im Zoofachhandel und beim Tierarzt. Saubere gesunde Ohren sind geruchlos und ohne Absonderungen. Bei Ohrenproblemen müssen Sie einen Tierarzt aufsuchen.

Nagelpflege

Wenn der Bichon Havanese wächst und sein Fell länger wird wächst auch das Fell zwischen den Ballen, oftmals so lang, daß es die Ballen total bedeckt. Ihr Hund wird sich unwohl fühlen, weil seine Bewegungen und seine Trittsicherheit beeinträchtigt sind. Man muß die Füße regelmäßig kontrollieren und die Haarbüschel mit einer kleinen Schere entfernen, so daß die Ballen frei von Haaren sind. Die Krallen müssen Sie gleichfalls kontrollieren. Sie sollten den Boden nicht berühren und sich natürlich noch weniger nach unten krümmen. Vielleicht wird Ihr Havaneser seine Krallen durch das Laufen auf harten Oberflächen natürlich abnutzen und sie so bei korrekter Länge halten. Wenn nicht müssen Sie Unwohlsein und Deformation der Füße verhindern, indem Sie die Krallen schneiden. Besonders die Daumenkrallen, da diese niemals den Boden berühren.
Verwenden Sie eine Nagelzange für kleine Hunde oder Katzen und

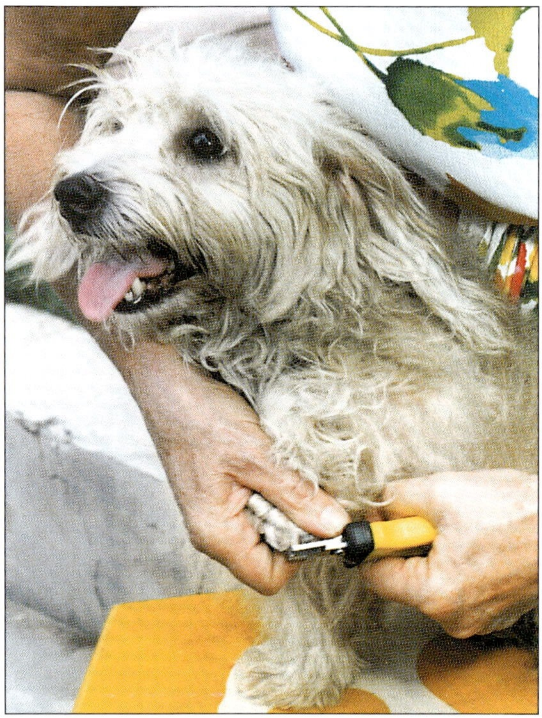

Wenn Sie Ihren Havaneser schon im Welpenalter an die Krallenpflege gewöhnen, wird er Sie als erwachsener Hund, problemlos ertragen. Die meisten Hunde mögen Krallenpflege nicht, so daß es wichtig ist, dies frühzeitig zu üben.

schneiden Sie nur die äußerste Spitze der Kralle um eine Verletzung Ihres Tieres zu vermeiden. Zunächst heben Sie den Fuß Ihres Hundes und halten ihn gegen das Licht. Dann können Sie den Verlauf des Blutgefäßes im Nagel sehen. Schneiden Sie nicht in diese Vene, da Ihr Hund sonst stark blutet. Wenn die Krallen schwarz sind schneiden Sie ein kleines Dreieck von der unteren zur oberen Ecke der Kralle, nicht tiefer als unbedingt nötig. Beim Auftreten einer Blutung pressen Sie Eis oder Ihren Daumen gegen die blutende Kralle bis die Blutung gestillt ist. Sie können auch einen Blutstillstift oder Blutstillpuder verwenden.

Am besten gewöhnen Sie Ihren Hund an Haar- und Nagelpflege bereits als Welpe so daß er dies als normalen Teil seines Hundelebens akzeptiert. Regelmäßiges Krallenschneiden bringt das Blutgefäß dazu, sich mit der Zeit zurückzubilden.

Pflege der Analgegend

Die Analdrüsen sollten regelmäßig ausgedrückt werden, damit Infektionen und Unbehagen vermieden werden. Am günstigsten tun Sie dies während Sie den Hund baden. Heben Sie die Rute an und benutzen Sie Daumen und Zeigefinger zu energischem Druck in der Analregion bis ein dunkelbraunes Sekret entleert wird. Waschen und spülen Sie diesen Bereich gründlich. Es ist ebenfalls ratsam, die Haare um den After zu kürzen damit keine Kotreste im Fell hängen bleiben.

Hornfarbene Krallen

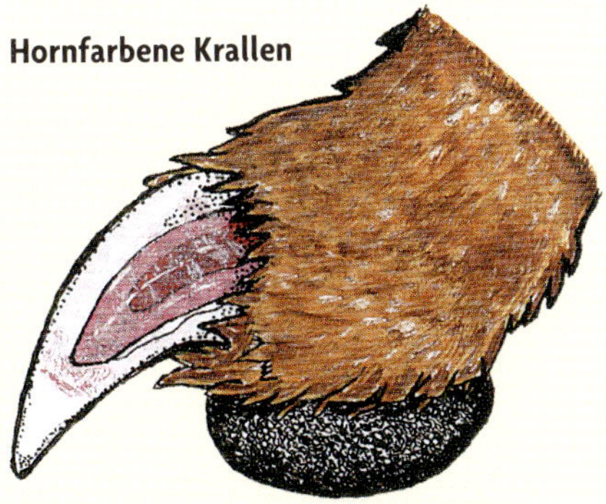

Bei hornfarbenen Krallen ist das Schneiden wesentlich einfacher, weil Sie das Blutgefäß im Innern der Kralle sehen können.

Schwarze Krallen

Bei schwarzen Krallen schneiden Sie am besten vorsichtig Stückchen für Stückchen die Spitze zurück, oder benutzen eine Feile, weil das Blutgefäß nicht zu sehen ist.

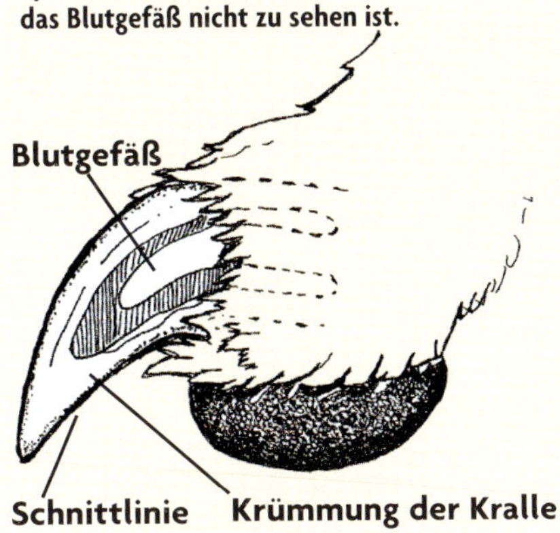

Schneiden Sie nur die Spitze der Krallen, wie gezeigt und achten Sie auf das Blutgefäß. Wenn Sie hineinschneiden erfolgt eine starke Blutung und der Hund erleidet Schmerzen. Ein Blutstillstift stoppt die Blutung. Trösten Sie den verletzten Hund indem Sie ruhig zu ihm sprechen.

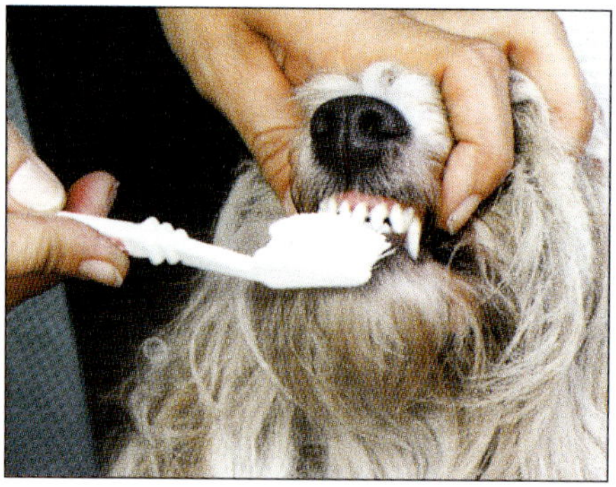

Einmal wöchentlich sollten Sie die Zähne Ihres Havanesers mit einer speziellen Hundezahnpasta putzen. Menschliche Zahnpasta ist zu scharf für Hunde.

Zähne

Wenn die bleibenden Zähne Ihres Havanesers durchgebrochen sind, müssen Sie Maßnahmen ergreifen, um sie frei von Zahnstein und anderen Ablagerungen zu halten. Es ist daher ratsam, den Welpen frühzeitig daran zu gewöhnen, daß seine Zähne einmal wöchentlich mit einer Hundezahnpasta gereinigt werden. Wenn er erwachsen ist wird er diese Säuberung ohne Widerstreben erdulden.
Große und harte Kalbsknochen, die nicht splittern können, sind ein natürliches Mittel zur Zahnreinigung für Hunde. In Zoohandlungen gibt es auch spezielle Produkte zur Zahnpflege. Die empfehlenswertesten sind aus einem stabilen Nylonmaterial.
Wenn der Atem Ihres Hundes unangenehm riecht oder seine Zähne mit Zahnstein bedeckt sind suchen Sie einen Tierarzt oder einen Hundesalon auf. Dort wird der Zahnstein entfernt, ohne daß der Hund verletzt wird.

Stellen

Obwohl das Stellen auf den ersten Blick mit dem Thema Pflege nichts zu tun hat soll in diesem Kapitel darauf eingegangen werden, um Ihnen zu helfen, das Gesamtbild Ihres Havanesers zu formen. Wenn Sie etwas mehr für Ihren Hund tun wollen, ist auch zu empfehlen, den Havaneser etwas erhöht zu füttern. Er wird sich schnell daran gewöhnen. Ideal ist es, das Futter in Kopfhöhe anzubieten, so daß der Hund keine unbequeme Position zum Fressen einnehmen muß. Wenn Sie dies vom Welpenalter an durchführen und die Höhe des Napfes mit dem Wachstum des Hundes langsam steigern werden Sie eine Verbesserung der Halshaltung feststellen.
Ein anderer Ratschlag wäre, den Hund, wenn er zu Ihnen kommt, an der Unterseite des Halses zu strei-

Ein Havaneser, dessen Pfoten gut gepflegt und Krallen korrekt gekürzt sind, hat ein leichtes, ausgewogenes Gangwerk. Wenn Ihr Hund häufig auf harten Böden läuft nutzen sich seine Krallen auf natürliche Weise ab und Sie brauchen sie nicht so oft zu kürzen.

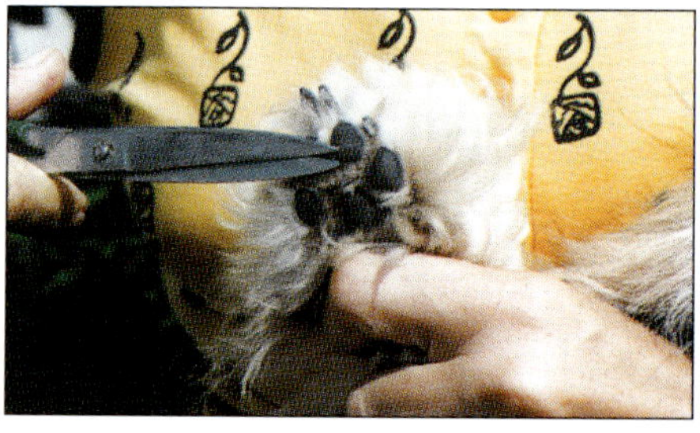

Zwischen den Pfotenballen des Havanesers bilden sich leicht Filzklumpen die Sie regelmäßig entfernen sollten.

cheln anstatt oben auf dem Kopf. Erstens ist dies angenehmer für ihn und zweitens gewöhnen Sie ihm an, mit erhobenem Kopf zu laufen; denn er wird schnell lernen, das sein Besitzer ihn dann streichelt.

Reisen mit dem Hund

Autofahrt

Sie sollten Ihren Havaneser bereits als Welpe ans Autofahren gewöhnen. Vielleicht nehmen Sie ihn häufig mit, vielleicht auch nicht. Auf jeden Fall wird er mit dem Auto zum Tierarzt müssen und Sie wollen doch nicht, daß diese Fahrten für Ihren Hund zum Schreckerlebnis oder für Sie, zu einem großen Problem werden. Für einen Hund ist die sicherste Art die Beförderung in einer Flugbox. Wenn Sie eine Flugbox im Hause haben, können Sie diese für Autofahrten benutzen. Es gibt auch speziell hergestellte Drahtkäfige, deren Größe der Ladefläche verschiedener Automodelle angepaßt werden kann.
Setzen Sie den Welpen in den Käfig und beobachten Sie, wie er reagiert. Wenn er sich nicht wohlfühlt, kann ein Beifahrer ihn während der Fahrt trösten. Eine andere Möglichkeit ist

Die sicherste Art, Ihren Hund im Auto zu transportieren ist, ihn in einer Transportbox unterzubringen. Es kann gefährlich für Sie und den Hund sein, wenn er sich frei im fahrenden Auto bewegen darf.

ein spezieller Sicherheitsgurt für Hunde, der in den normalen Sicherheitsgurt des Autos eingeklinkt wird. Lassen Sie den Hund nicht einfach so im Auto umherspringen. Dies ist sehr gefährlich. Wenn Sie heftig bremsen müssen kann Ihr Hund herumgeschleudert und verletzt werden. Falls Ihr Hund anfängt auf Ihnen herumzuklettern und Sie beim Fahren stört, können Sie sich nicht mehr auf den Verkehr konzentrieren. Dies ist gefährlich für alle Beteiligten - Mensch und Hund. Denken Sie bei langen Reisen daran, regelmäßige Pausen einzulegen, damit der Hund trinken und sich lösen kann. Sie sollten auch immer etwas zum Aufwischen im Auto liegen haben. Legen Sie ein paar alte

Wußten Sie schon?
Wenn Sie mit Ihrem Hund verreisen, stellen Sie vorher sicher, daß Ihr Hotel hundefreundlich ist. In vielen Hotels sind Hunde verboten. Nehmen Sie am besten auch etwas Eis mit, das Sie auftauen und Ihrem Hund anbieten können, wenn er sich überhitzt. Die meisten Hunde lecken gerne Eis.

Achten Sie drauf!
Sie sollten auf Reisen Ihren Hund in fremder Umgebung nicht von der Leine lassen. Er könnte aus Angst fortlaufen, oder, bei der Jagd nach einer Katze, verloren gehen. Selbst wenn er einfach nur etwas Auslauf ohne Leine haben möchte, kann es passieren, daß Sie Ihren Hundefreund niemals wiedersehen.

Auch wenn es sich auf dem Foto ausgesprochen gut macht, ist der Transport im Einkaufskorb eines Mofas eine völlig ungeeignete Reiseart für den Havaneser.

Achten Sie drauf!

Wie gerne Ihr Hund auch Auto fährt, lassen Sie ihn doch niemals bei warmem Wetter allein im Auto, selbst wenn die Fenster geöffnet sind. Die Hitze im Auto steigt schnell und kann Leid oder Tod verursachen. Der Hund wird bei zu großer Wärme versuchen, den Kopf aus dem geöffneten Fenster zu stecken und kann sich dabei schwer verletzen.

Handtücher oder eine Küchenrolle ins Auto, falls es Ihrem Hund schlecht wird.

Flugreisen

Wollen Sie Ihren Hund im Flugzeug mitnehmen müssen Sie vorher mit der Fluggesellschaft sprechen um alles zu arrangieren. Es kommt häufig vor daß Hunde Flugreisen machen. Es muß vorher allerdings eine Genehmigung eingeholt werden. Die Hunde werden in speziellen Flugboxen transportiert, vielleicht haben Sie bereits so eine Box daheim, sonst können Sie diese bei der Fluggesellschaft ausleihen. Legen Sie sein Lieblingsspielzeug und ein paar weiche Decken in die Box, damit der Hund sich wohlfühlt. Mindestens sechs Stunden vor dem Flug sollten Sie Ihren Hund nicht mehr füttern damit er nicht gezwungen ist, seinen Käfig zu verunreinigen.

Ihr Hund sollte die Telefonnummer eines Ansprechpartners, sowohl auf seinem Käfig als auch an seinem Halsband befestigt, mit sich führen. Nur sehr kleine Hunde werden im Passagierraum des Flugzeuges transportiert. Obwohl der Transport von Hunden von den Fluggesellschaften routinemäßig übernommen wird besteht immer noch das Risiko, daß Sie von Ihrem Hund getrennt werden, wie ja auch Gepäck manchmal im falschen Flugzeug landet.

Urlaub

Wenn Sie einen Familienurlaub planen sollten alle Familienmitglieder daran teilnehmen. Bei einer Reise mit einem Hund ist es besonders

wichtig, lange im voraus die Übernachtungen und Hotelaufenthalte zu klären. Sie wollen schließlich nicht mitten in der Nacht am Hotel ankommen und dann feststellen, daß Hunde dort verboten sind. Sie sollten, wenn Sie das Hotel für Ihre Familie buchen, gleich dazu sagen, daß Sie einen Hund mitbringen, denn wenn Hunde in diesem Hotel nicht erwünscht sind haben Sie alle keine Bleibe.
Entscheiden Sie sich, ohne Ihren Hund zu verreisen, werden Sie vorher klären müssen, wer ihn in Ihrer Abwesenheit versorgt. Es gibt die Möglichkeit einen Nachbarn zu bitten, daß er Ihren Havaneser in den Ferien übernimmt oder, wenn Sie den Nachbarn gut kennen, den Hund daheim zu lassen und den Nachbarn zu bitten, mehrmals am Tag nach im zu sehen. Sie können einen Haus- und Tiersitter beauftragen oder den Hund in einer vertrauenswürdigen Hundepension unterbringen. Diese Hundepension müssen Sie vorher sorgfältig prüfen. Besuchen Sie das Gelände, stellen Sie fest, wo die Hunde untergebracht sind und ob die Zwinger sauber sind. Sprechen Sie mit einigen Angestellten und beobachten Sie, wie diese die Hunde behandeln - beschäftigen sie sich mit den Hunden, spielen sie mit ihnen, führen sie die Hunde spazieren usw.? Sie wissen, daß Ihr Havaneser nicht

Havaneser sind gute Beifahrer und freuen sich auf einen Sonntagsausflug. Achten Sie darauf, daß Ihre Hunde im Auto gut gesichert sind, bevor Sie losfahren. Vielleicht kaufen Sie ein Geschirr, welches in den Sicherheitsgurt der Rücksitze eingehakt werden kann.

Wenn Sie Ihren Havaneser während des Urlaubs in einer Hundepension unterbringen wollen, wählen Sie einen Pflegeplatz mit sauberen Anlagen und freundlichem Personal.

Achten Sie drauf!

Ihr Hund kann nicht nach dem Heimweg fragen, wenn er verlorengeht.

Ein Adressanhänger, der am Halsband befestigt wird, sollte wichtige Informationen enthalten – den Namen des Hundes, den Namen des Besitzers, die Adresse des Besitzers und eine Telefonnummer, unter der der Besitzer erreicht werden kann. So kann jemand, der den Hund findet, ohne Probleme den Besitzer herausfinden und den Hund zurück nach Hause bringen. Ein zusätzlicher Vorteil ist, daß man leicht erkennen kann, daß ein allein herumlaufender Hund ein Haustier und kein Streuner ist, wenn er ein Halsband mit Adressanhänger trägt. Dies ist die einfachste und schnellste Identifizierungsmethode, vorausgesetzt, der Adressanhänger bleibt am Halsband und das Halsband bleibt am Hund.

glücklich ist, wenn er nicht genügend Bewegung hat. Außerdem müssen Sie wissen, welche Voraussetzungen für den Aufenthalt Ihres Hundes in der Pension notwendig sind. Impfungen, Wurmkuren sind wichtig für die Sicherheit aller Hunde. Denn wo viele Hunde zusammen gehalten werden, steigt das Infektionsrisiko. (Auch nach dem Preis sollten Sie fragen) Viele Tierkliniken bieten ebenfalls Ferienplätze an. Dies ist eine weitere Möglichkeit der Unterbringung.

Kennzeichnung

Ihr Havaneser ist Ihr geschätzter Begleiter und Freund. Deshalb passen Sie immer gut auf ihn auf und haben auch sichergestellt, daß er nicht aus dem Garten entkommen oder sich aus seinem Halsband win-

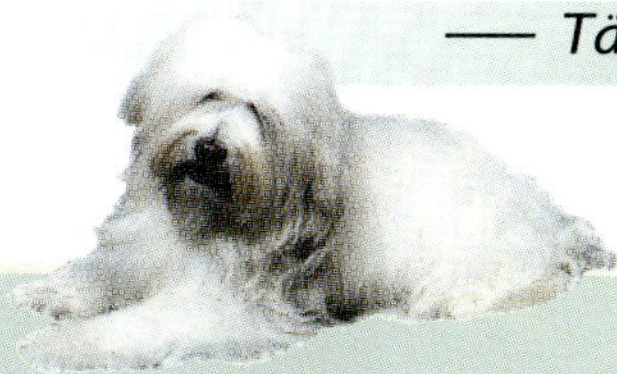

Wußten Sie schon?
Da Havaneser-Welpen immer teurer werden, vor allen Dingen Welpen von hoher Zucht- und Ausstellungsqualität, wird die Gefahr, daß sie gestohlen werden, immer größer. Die übliche Identifikationsmarke am Halsband kann natürlich leicht entfernt werden. Es gibt jedoch zwei andere Methoden, mit denen ein Hund eindeutig identifiziert werden kann. Die Kennzeichnung mit dem Mikrochip bedeutet, daß dem Hund ein Mikrochip von ungefähr der Größe eines Reiskorns unter die Haut injiziert wird. Wenn Ihr Hund gefunden wird kann er durch den Mikrochip einwandfrei identifiziert werden. Der Mikrochip kann jedoch nur mit einem speziellen Gerät abgelesen werden. Leider gibt es verschiedene Hersteller dieser Chips und Lesegeräte, dadurch wird die Identifizierung wieder erschwert. Eine Tätowierung kann an verschiedenen Stellen des Hundes vorgenommen werden, zum Beispiel seinen Ohren oder der Schenkelinnenseite. Die Tätowierungsnummer wird vom Zuchtverband vorgegeben und steht in der Ahnentafel Ihres Hundes. Wenn professionelle Hundediebe einen tätowierten Hund sehen verlieren sie gewöhnlich das Interesse an ihm. Tierversuchsanstalten dürfen keine tätowierten Tiere ankaufen. Sowohl der Mikrochip als auch die Tätowierung können von Ihrem Tierarzt vorgenommen werden. Zur Sicherheit Ihres Hundes ist die Tätowierung die vorteilhafteste Methode, da sie von außen sichtbar ist und von jedem, ohne spezielles Gerät abgelesen werden kann.

Die Identifikationsmarke Ihres Havanesers sollte sicher am Halsband befestigt sein.

den und fortlaufen kann. Unfälle können jedoch passieren und möglicherweise verlieren Sie Ihren Hund irgendwann einmal. Wenn dieser unglückliche Fall eintreten sollte werden Sie alle Anstrengungen unternehmen um ihn wiederzufinden. Ein Adressenanhänger am Halsband erhöht die Möglichkeit, daß er schnell zu Ihnen zurück gebracht wird. Länger dauert die Identifizierung über die Tätowierung, die er bereits bei seinem Züchter bekam und die beim Kleinhunde-Verein registriert ist.

Wußten Sie schon?
Sie haben einen wertvollen Hund. Wenn Ihr Hund gestohlen wird oder fortläuft, sind Sie zweifellos sehr unglücklich. Darum, wenn Sie einen herrenlosen Hund finden informieren Sie die Polizei oder das örtliche Tierheim.

Der Havaneser ist der beliebteste Haushund auf Kuba. Dieser lebt auf einer Plantage und wurde vor dem berühmtesten kubanischen Exportartikel, dem Tabak, fotografiert. Im Hintergrund sieht man die Scheune, in der der Tabak getrocknet wird.

Erziehung und Training Ihres Havanesers

Welpen lernen von ihrer Mutter auf natürliche Art. Wollen Sie jedoch einen Havaneser in Ihr Haus bringen sollten Sie ihm die Sitten und Gebräuche Ihres Familienlebens antrainieren. Bestimmt soll er auch grundlegende Gehorsamsübungen ausführen können, sodaß Ihr Havaneser korrekt an der Leine läuft und auf Kommando herkommt oder sitzt.

Eine Grundausbildung ist für Ihren Hund sowie auch für Sie gut. Wie vorher schon gesagt ist der Hund ein Rudeltier und von Natur aus geneigt, zu dominieren oder einem überlegenen Anführer zu folgen, der in diesem Fall und unter allen Umständen Sie sein müssen. Als Anführer geben Sie Ihrem Hund das Gefühl von Sicherheit und Schutz und die Führung, die er braucht. Ein Hund der sich selbst überlassen bleibt, ist kein ausgeglichenes, zufriedenes Tier.

Die Erziehung Ihres Havanesers beginnt in dem Augenblick, in dem Sie ihn nach Hause bringen. Zuerst sollten Sie den Hund mit seinem eigenen Gebiet vertraut machen. Um Fehler in der Stubenreinheit und Zerstörungen zu vermeiden sollte Ihr Hund erzogen werden, bevor Sie ihn frei im ganzen Haus laufen lassen. Erziehen Sie Ihren Havaneser durch Gewöhnung, niemals durch Schläge. Bringen Sie ihm bei, daß es einen festen Platz zum Fressen, einen festen Platz zum Lösen und einen festen Platz zum Schlafen gibt.

Es ist ebenfalls wichtig, dem Hund zu lernen, auf seinen Namen zu hören. Rufen Sie ihn beim Namen wenn Sie ihn füttern oder streicheln, aber niemals wenn Sie mit ihm schimpfen. Für diesen Fall gibt es nur ein Wort, das fest und endgültig ausgesprochen wird: „NEIN!“.

Sie sollten daran denken, das Ihr Welpe alles tun wird, um Sie zu erziehen und dies sollten Sie nicht durchgehen lassen. Sie müssen Ihren Willen nach und nach durchsetzen. Nicht mit Zwang, sondern, indem Sie dem Hund ruhig und vorsichtig Ihre Wünsche beibringen. Um einem Hund zu helfen, den Menschen zu verstehen, müssen wir uns in seine Situation versetzen. Wir dürfen nicht, wie es manche Hundebesitzer machen, voraussetzen, daß der Hund ein vierbeiniger Mensch ist

Achten Sie drauf!

Wenn Sie mit einem freundlichen, gesunden Hund beginnen und ihm Zeit, Geduld und vorsichtig ausgesuchte Übungen widmen, werden Sie den Erfolg dieser Lektionen sein ganzes Leben lang genießen. Es wird angenehm sein, dieses Leben! Sie beide werden unermeßliche Freude an der Gemeinschaft, die Sie miteinander aufgebaut haben, finden. Ihr Verhältnis ist geprägt von Liebe, Respekt und Verständnis. Viel Glück und viel Spaß dabei!

Wußten Sie schon?
Die Teilnahme an einem Erziehungskurs mit Ihrem Hund könnte die beste Investition von Zeit und Geld sein, die Sie jemals gemacht haben. Sie werden das Ergebnis während des ganzen Lebens Ihres Hundes genießen und die Gelegenheit haben, andere Leute kennen zu lernen, die ebenfalls Interesse an einem angenehmen Begleithund haben.

und in unserer Welt lebt. Das ist unmöglich. Die wichtigsten Vorausstetzungen für die Erziehung sind Geduld und Konsequenz. Wiederholen Sie ein Kommando bis der Hund verstanden hat, was Sie von ihm erwarten.
Die Kommandos sollten kurze klare Wörter sein und immer gleich gebraucht werden. Zum Beispiel können Sie nicht zwischen „Komm" und „Hier" abwechseln wenn Sie den Hund rufen. Suchen Sie ein Kommando aus und behalten Sie es bei, damit Sie ihn nicht durcheinander bringen. Es ist auch wichtig, die Kommandos in normalem Tonfall zu sagen und den Hund nicht anzuschreien. Die persönliche Erfahrung hat uns gezeigt, daß ein Faktor in der Mensch-Hunde-Beziehung das Sprechen mit dem Hund ist. Dies lassen die meisten Besitzer außer acht, obwohl es grundlegend nützlich und wichtig ist. Verbale Kommunikation ist ein exzellentes Mittel zur Steuerung des Hundes, mit der Garantie, daß er immer gehorcht. Aber sie müssen wissen wie. Das Wichtigste ist, daß Sie die Ruhe bewahren und sich keine Gedanken darüber machen, wie Sie auf andere wirken (ich kenne Männer, die zu ihrem Hund nicht gerne zärtlich sprechen weil sie es als unmännlich ansehen). Sprechen Sie zu Ihrem Hund

Ein gut erzogener Havaneser ist eine Freude für seinen Besitzer. Dies ist der Kubanische Champion „Esmeralda de la Giradilla", im Besitz von Merita Batista und Annia Barroso.

Wußten Sie schon?
Hundeerziehung ist eine Erfahrung fürs Leben. Viele Eltern geben zu, daß sie viel über Kindererziehung durch die Haltung ihres Hundes gelernt haben. Hunde reagieren auf Liebe, Gerechtigkeit und Führung genau wie Kinder. Wenn Sie gute Hundebesitzer sind, werden Sie sicherlich auch einmal gute Eltern für Ihre Kinder sein.

über alles, was ihn betrifft. Wenn Sie ihm Medizin eingeben wollen, sprechen Sie erst sanft und liebevoll um ihn zu beruhigen. Genau so machen Sie es, wenn Sie ihn kämmen wollen. Zeigen Sie ihm den Kamm, lassen Sie ihn daran riechen, sagen Sie ihm, daß es nicht weh tun wird und bald werden Sie die Erfolge bemerken.
Häufig verhalten sich Menschen als ob der Hund kein Lebewesen mit Gefühlen und Ängsten sei. Wir denken, wir hätten das Recht, mit ihm zu tun was wir wollen seinen Körper untersuchen, in seinen Ohren puhlen oder - ohne jeden Kommentar - seine Nägel schneiden oder eine Nadel in seine Haut stechen – um ihn zu impfen. Versetzen Sie sich in die Lage Ihres Hundes und stellen Sie sich vor, wie es wäre, wenn jemand Sie so behandeln würde. Würden Sie sich nicht gequält fühlen?
Wieviel besser wäre es wenn man Ihnen erst sagen würde, was Sie zu erwarten haben. Dasselbe gilt für Ihren Hund. Sie sollten zu ihm ruhig und liebevoll sprechen,

Achten Sie drauf!

Beim Fressen braucht Ihr Welpe Ruhe. Stellen Sie seine Näpfe nicht an einen Durchgangsort im Haus. Geben Sie ihm möglichst seine eigene kleine Ecke in der Küche, wo er ungestört fressen kann und nicht zwischen den Füßen herumläuft. Geben Sie weder Ihren Kindern noch anderen Familienmitgliedern die Erlaubnis, den Welpen beim Fressen zu stören.

Wußten Sie schon?

In den Augen eines Hundes sind Ihre Hände, wie sein Fang, zur Verteidigung geeignet. Wenn Sie ihn zu fest drücken, wird er eventuell beißen, weil dies seine normale Verteidigungsart wäre. Dieses Beißen ist nicht mit Agressivität zu verwechseln und obwohl jedes Beißen unterbunden werden muß, ist es hier Ihre Aufgabe, den richtigen Umgang mit dem Hund zu lernen.

damit er Sie und Ihre Worte versteht. Natürlich versteht er nicht die Wörter aber er wird Ihren Tonfall verstehen und mit Zufriedenheit und Ruhe reagieren. Diese Zufriedenheit ist genau das, was wir brauchen, um ihn leicht erziehen zu können,ohne verbale oder physische Aggression. Versuchen Sie es und wenn Sie sich daran gewöhnt haben, werden Sie vielleicht mit uns einer Meinung sein, daß die meisten Menschen in absurder Weise erwarten, verstanden zu werden ohne Erklärungen anzubieten. Dies gilt sowohl für die Beziehung von Menschen untereinander, als auch im Bezug auf unsere Hunde.
Das richtige Alter um mit der Grunderziehung zu beginnen, ist der zweite Monat, bevor der Hund schlechte Gewohnheiten angenommen hat. Unser Ziel ist es, daß unser Havaneser uns willig gehorcht, mit dem ausgesprochenen Wunsch uns zu gefallen, nicht aus Angst.
Sie werden vielleicht einen Besuch bei den örtlichen Hundeausbildern machen wollen oder Bücher über verschiedene Ausbildungsmethoden lesen. Welche Methode Sie auch auswählen, wir können nur hinzufügen,

daß ein guter Lehrer wissen sollte, wann es richtig ist zu loben und wann er straft. Strafe bedeutet nicht, den Hund zu schlagen, sondern ihn mit einem festen „Nein" zurück zu halten wenn er etwas Unrechtes tut. Eine positive Verstärkung sollte bei jedem positiven Verhalten gegeben werden, jedesmal, wenn Ihr Havaneser etwas richtig macht streicheln und loben Sie ihn. Besser als jeder Leckerbissen wirkt beim Hund die Gewissheit, daß er die Zufriedenheit und Liebe seines Herrn hat.

Stubenreinheit

Sie können einen Welpen dazu erziehen, sich zu lösen, wo immer Sie wollen. Aber es muß sich um einen geeigneten Ort handeln. Denken Sie daran, von dem Augenblick an, wo Ihr Welpe alt genug ist, sich an öffentlichen Plätzen zu bewegen, müssen jegliche hundlichen Rückstände entfernt werden. Sie sollten für diesen Zweck immer ein paar kleine Plastiktüten bei sich tragen. Stubenreinheitserziehung sollte verschiedene Bodenbeläge wie Erde, Gras und Beton umfassen. Kleine Hunde können Sie jedoch auch dazu abrichten, sich im Haus, auf Zeitungspapier zu lösen.

Achten Sie drauf!

Hunde sind sensibel für die Launen und Stimmungen Ihrer Besitzer. Setzen Sie Ihre Stimme richtig zur Kommunikation mit Ihrem Hund ein. Schreien Sie niemals Ihren Hund an, außer Sie sind wirklich wütend und wollen ihn korrigieren. Sonst wird eine erhöhte Lautstärke für Ihren Hund bald genauso uninteressant sein, wie Ihr normaler Tonfall.

Bringen Sie Ihrem Hund bereits früh die Regeln bei, die in Ihrem Haus gelten. Sie können ihm nicht einmal erlauben, auf dem Sessel zu sitzen und einmal wieder nicht.

Wenn Sie entschieden haben, welchen Bodenbelag und Ort Ihr Hund benutzen soll, müssen Sie sicher sein, daß der Untergrund in der ersten Zeit gleichbleibt. Wenn Sie Ihren Hund dazu erziehen, sich auf einer Wiese zu lösen und sich dann zwei Monate später für Asphaltboden entscheiden, ist dies recht schwierig für Hund und Besitzer. Als Nächstes wählen Sie das Kommando aus, welches Sie jedesmal verwenden, wenn Sie wollen, daß Ihr Welpe sich löst. „Geh und mach" ist ein Beispiel für ein Kommando, das häufig von Hundehaltern verwendet wird.

Gewöhnen Sie sich an, Ihren Hund zu fragen „Mußt du nach draußen" (oder

Wenn Sie Ihren Havaneser daran gewöhnen sich auf der Wiese zu lösen, wird er immer diesen Untergrund wählen. Meistens wird eine Wiese gewählt, wenn es die örtlichen Gegebenheiten erlauben.

welches Ihr ausgewähltes Kommando ist), bevor Sie ihn nach draußen tragen. Auf diese Art werden Sie, wenn er erwachsen ist, steuern können, zu welcher Zeit und an welchem Platz er sich löst. Eine Antwort ist möglicherweise Schwanzwedeln, Sie intensiv anschauen und zur Tür laufen oder ähnliches.

Die Bedürfnisse des Welpen

Ein Welpe muß nach jedem Spielen, nach dem Schlafen, nach jeder Mahlzeit und jedesmal, wenn er durch sein Verhalten zeigt, daß er nach einem Löseplatz sucht, nach draußen getragen werden.

Die Blasen- und Darmmuskeln eines sehr kleinen Welpen sind noch nicht voll entwickelt. Er kann daher sein Bedürfnis noch nicht kontrollieren, genauso wie ein kleines Kind dies noch nicht kann.

Tragen Sie Ihren Welpen oft nach draußen - einen acht Wochen alten Havaneser zum Beispiel, ca. jede Stunde. Je älter der Welpe ist, desto weniger häufig wird er „müssen". Wenn er erst mal ein gesunder, voll erwachsener Hund ist, braucht er nur noch drei bis fünf Lösezeiten pro Tag.

Vorüberlegungen

Weil die verschiedenen Arten des Zusammenlebens und der Kontrolle, die Sie über Ihren Welpen ausüben, in direktem Zusammenhang mit dem Erfolg der Stubenreinheits-Erziehung steht, wollen wir die verschiedenen Aspekte durchsprechen bevor wir mit dem Training beginnen.

Wenn Sie den neuen Welpen nach Hause bringen und sofort im ganzen Haus frei herumlaufen lassen, könnte man dies mit einem Kind vergleichen, das Sie auf einem Sportplatz laufen lassen und ihm sagen, dieser Platz gehöre ihm ganz allein. Die schiere Größe des Platzes ist viel zu beeindruckend, als daß er damit vernünftig umgehen könnte.

Stattdessen bieten Sie dem Welpen klar definierte Bereiche an, in denen er spielen, schlafen, essen und leben kann. Ein Zimmer im Haus, wo sich die ganze Familie häufig aufhält, ist eine gute Wahl.

Wußten Sie schon?

Ein Hund wird alles tun, damit sein Besitzer sich mit ihm beschäftigt. Wenn Sie den Hund loben während er still und ruhig ist, können Sie ihn zu einem wohlerzogenen Hund machen. Durch Lob während er tobt und mit Ihnen spielt bestätigen Sie jedoch seine Lebhaftigkeit und können so ungewollt einen hyperaktiven Hund erziehen.

Entwicklungsschema des Havanesers

Es ist wichtig zu verstehen, wie und in welchem Alter der Welpe Fortschritte in seiner Entwicklung macht. Wenn Sie ein Welpenbesitzer sind lesen Sie das folgende Entwicklungsschema des Havanesers, um festzustellen, welches Entwicklungsstadium Ihr Havaneser-Welpe als Nächstes erreichen wird. Diese Kenntnisse werden Ihnen helfen, das Verhalten des Welpen in den nächsten Wochen und Monaten zu verstehen.

Abschnitt	Alter	Charakteristika
1. bis 3. Zeit-abschnitt	Geburt bis zur 7. Woche	Welpen brauchen Futter, Schlaf und Wärme und Antworten auf einfache und vorsichtige Berührungen. Sie brauchen ihre Mutter, um ein Gefühl der Sicherheit zu haben und um Disziplin zu lernen. Sie brauchen ihre Wurfgeschwister um zu lernen, wie man sich anderen Hunden gegenüber verhält. Später lernt der Welpe richtiges Verhalten und die dominante Rangordnung im Rudel. In dieser Zeit beginnt auch die Sozialisierung dem Menschen gegenüber, zunächst mit kurzen Begegnungen mit Erwachsenen und Kindern. Mehr und mehr nimmt der Welpe von seiner Umgebung wahr.
4. Zeit-abschnitt	8. bis 12. Woche	Das Gehirn ist voll entwickelt. Der Welpe braucht Kontakt mit der Außenwelt. Er wird von der Mutterhündin und den Wurfgeschwistern getrennt. Es ist wichtig, ihn in dieser Zeit aus dem Hunderudel ins „Menschenrudel" wechseln zu lassen. Der Mensch muß die dominante Rolle einnehmen. Eine Angstperiode tritt zwischen der 8. und 16. Woche ein. Vermeiden Sie in dieser Zeit Furcht und Schmerz.
5. Zeit-abschnitt	13. bis 16. Woche	Erziehung und Unterordnung müssen beginnen. Weniger Zusammenkünfte mit anderen Hunden sind wichtig, mehr mit Menschen, neuen Orten und neuen Situationen. Verhalten sie sich dem Welpen gegenüber konsequent und gerecht. Der Fluchtinstinkt taucht auf. Mangelnde Erziehung oder zu starker Druck können lebenslangen Schaden anrichten. Loben Sie den Hund für gutes Verhalten.
Jugendalter	4. bis 8. Monat	Eine andere Angstperiode durchläuft der Hund zwischen dem 7. und 8. Lebensmonat. Sie geht schnell vorbei, aber seien Sie vorsichtig mit Furcht und Schmerz. In dieser Zeit erlangt der Hund seine Geschlechtsreife. Er entwickelt dominante Verhaltensweisen. Nun sollte der Hund „Sitz", „Platz", „Komm" und „Bleib" beherrschen.

Zur Beachtung: dies sind ungefähre Zeitangaben. Jeder Welpe entwickelt sich eigenständig und mag vielleicht vom vorgegebenen Schema abweichen.

Wie oft am Tag?

Alter	Lösezeiten
bis 14 Wochen	10
14 bis 22 Wochen	8
22 bis 32 Wochen	6
Erwachsene Hunde (der Hund wächst nicht mehr)	4

Dies sind natürlich nur Anhaltspunkte, können Ihnen jedoch eine Vorstellung vom Mindestmaß an Gelegenheit, die Ihr Hund täglich zum Lösen braucht, geben.

Welpen sind soziale Tiere und brauchen von Anfang an das Gefühl, ein Teil des Rudels zu sein. Wenn er Ihre Stimme hört, Sie bei der Arbeit beobachtet und Sie in seiner Nähe riecht sind dies alles positive Verstärker die ihm zeigen, daß er nun ein Mitglied Ihres Rudels ist. Gewöhnlich wird das Wohnzimmer, die Küche oder ein anschließendes Eßzimmer ideal sein, um Zusammengehörigkeit und Sicherheit für beide, Welpen und Besitzer, zu bieten.

Achten Sie drauf!

Hunde sind die am weitesten entwickelten Tiere die es gibt. Sie sehen eine andere Spezies (Menschen) als verwandt an. Sie kommunizieren mit Menschen. Sie sind der Anführer Ihres Hundes. Welpen sehen Kinder als ranggleich an. Ihr Verhalten gegenüber kleinen Kindern unterscheidet sich stark vom Verhalten gegenüber den erwachsenen Besitzern.

In diesem Raum sollte es einen kleinen Bereich geben, der ganz allein dem Welpen gehört. Ein Körbchen, ein Käfig, oder eine abgeteilte Ecke, aus der er die Aktivitäten seiner neuen Familie beobachten kann, ist gut geeignet. Die Größe dieses Bereichs ist hier der Schlüsselfaktor. Der Bereich muß groß genug sein, daß der Welpe sich legen und ausstrecken kann und wenn er sich hinstellt darf sein Kopf nicht an die Decke stossen. Aber er sollte nicht so groß sein, daß er sich an einem Ende lösen und am anderen Ende schlafen kann, ohne mit seinen Ausscheidungen in Kontakt zu kommen. Hunde sind von Natur aus saubere Tiere und lösen sich nicht in direkter Nähe ihres Schlafplatzes, außer sie sind dazu gezwungen. In diesem Fall werden sie unsaubere Hunde und behalten ihre unangenehme Angewohnheit in der Regel ein Leben lang bei.

Ausbildungstip

Stellen Sie sich gerade und autoritär hin wenn Sie Ihrem Hund ein Kommando geben. Geben Sie keine Kommandos wenn Sie auf dem Sofa oder im Bett liegen. Wenn Sie während eines Kommandos auf den Händen und Knien liegen wird, Ihr Hund denken, daß Sie ihn zum Spielen auffordern.

Das Körbchen sollte mit einem sauberen Handtuch ausgekleidet sein und mindestens ein Spielzeug enthalten. Stellen Sie Futter und Wasser nicht in direkte Reichweite, sonst können Sie die Nahrungsaufnahme des Welpen nicht kontrollieren. Außerdem beschleunigt Essen und Trinken die Verdauungsprozesse Ihres jungen Havanesers und kann so Ihre Bemühungen um Stubenreinheit zunichte machen und außerdem für den Welpen, der große Mühe hat einzuhalten, sehr unbequem sein.

Kontrolle

Kontrolle bedeutet, dem Welpen zu helfen, einen Tagesablauf zu finden der mit dem seines menschlichen Rudels harmoniert (mit Ihrem!). So, wie man kleinen Kindern hilft, unsere Lebensgewohnheiten anzunehmen, muß man dem Welpen zeigen, wann es für ihn Zeit ist zu spielen, zu essen, zu schlafen, spazieren zu gehen und sich zu amüsieren.

Ihr Welpe sollte immer in seinem Körbchen schlafen. Er sollte auch lernen, daß er während der Tageszeiten, in denen im Haushalt Durcheinander und besonders intensive menschliche

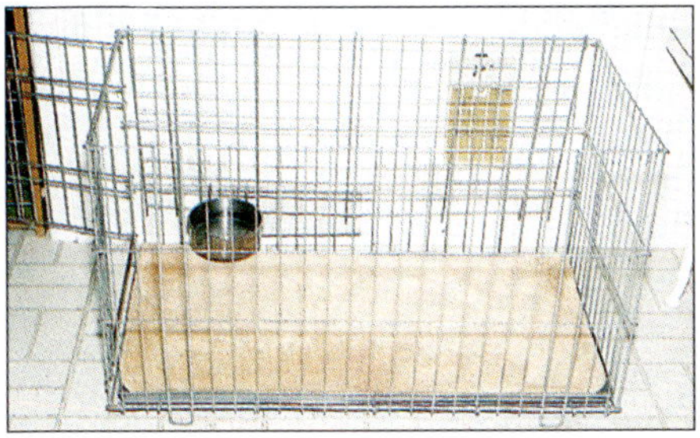

Dies ist ein anderes Modell eines Autokäfigs, in dem Ihr Welpe gut sehen kann, was um ihn herum vorgeht und daß Sie dicht bei ihm sind.

Aktivität herrscht, wie zum Beispiel beim Frühstück, wenn die Familienmitglieder sich für den Tag vorbereiten, er in seinem Körbchen bequem und sicher, allein spielen kann. Bis zu einem halben Jahr ist der Welpe psychisch noch nicht in der Lage allein zu bleiben. Wenn Sie ihn doch, aus irgend einem Grund, einmal für sehr kurze Zeit allein lassen müssen, setzen Sie ihn nach einem ausgiebigen Spiel, mit seinem Körbchen, in ein Zimmer, in dem er möglichst wenig anstellen kann. Welpen sind „Nagetiere“. Sie kennen keinen Unterschied zwischen Lampenschnüren, Fernsehkabeln, Schuhen, Tischbeinen und

Wenn Sie Ihren Welpen allein auf der Terrasse lassen müssen, sollten Sie ihn zu seiner Sicherheit in ein Welpenlaufgitter setzen. Schauen Sie regelmäßig nach, ob er noch einen schattigen Platz hat.

Erziehungstip
Legen Sie niemals den Schlafplatz Ihres Welpen mit Zeitungspapier aus. Oft werden Würfe auf Zeitungspapier aufgezogen und der Welpe wird so die Anwesenheit von Zeitungspapier leicht mit seiner Toilette verknüpfen. Legen Sie deshalb auch sonst im Haus zunächst kein Zeitungspapier auf den Fußboden. Es kann vielleicht notwendig werden, dem Hund in den späten Abendstunden die Wasserschüssel zu entfernen damit er größere Chancen hat, bis zum nächsten Morgen durchzuhalten.

ihrem Spielzeug. Wenn Ihr Welpe in ein Fernsehkabel beißt kann dies tödlich für Ihren Welpen sein. Außerdem kann ein Kurzschluß einen Brand in Ihrem Haus verursachen. Bei längerer Abwesenheit sollten Sie unbedingt jemanden beauftragen, der so lange auf den Welpen aufpaßt.
Wenn der Welpe alleingelassen an der Armlehne Ihres Wohnzimmersessels nagt, werden Sie ihn möglicherweise wütend ausschimpfen, wenn Sie nach Hause kommen. So verknüpft er, daß Ihre Heimkehr bedeutet, daß er geschlagen oder gestraft wird (er wird sich nicht daran erinnern, daß er an der Armlehne genagt hat und ist nicht fähig, einen Zusammenhang zwischen der Bestrafung und seiner bösen Tat herzustellen).
Zu anderen Zeiten, wenn in Ihrem Haus große Aufregung herrscht, wie zum Beispiel bei Familienfesten, kann dies auch für den Welpen ein großer Spaß sein. Vorausgesetzt, er befindet sich in seinem Körbchen und kann die Aktivitäten aus der Sicherheit seines eigenen Bereiches, unterstützt von einem vertrauten Rudelmitglied, beobachten. Er läuft dann nicht allen zwischen den Füßen herum und wird nicht unkontrolliert, mit allen möglichen Leckerbissen, die einen verdorbenen Magen verursachen können, gefüttert und ist trotzdem ein Teil des Rudels.

Wußten Sie schon?
Ihr Hund erzieht Sie gleichzeitig, während Sie ihn erziehen. Hunde versuchen Aufmerksamkeit zu erregen. Sie wiederholen gewöhnlich alles, was sich als geeignet erweist, Ihre Aufmerksamkeit zu erhalten.

Wußten Sie schon?
Die goldene Regel der Hundeerziehung ist einfach. Auf jede „Frage“ (Befehl) gibt es nur eine richtige „Antwort“ (Reaktion). Ein Befehl ist gleich eine Reaktion. Üben Sie jeden Befehl bis der Hund ohne zu zögern richtig reagiert. Lassen Sie jedoch bei den Wiederholungen keine Monotonie aufkommen, da Hunde sich genau wie Menschen langweilen können.

Schema
Wie vorher schon gesagt sollte ein Welpe jedesmal, wenn er aus dem Schlaf aufwacht, nach jeder Mahlzeit, nach jeder Spielstunde und sofort, wenn er morgens aufwacht, an seinen Löse-

Erziehungstip
Tragen Sie Ihren Hund nicht zu seinem Löseplatz. Führen Sie ihn an der Leine hin oder noch besser ermutigen Sie ihn, Ihnen zu dem Platz zu folgen. Wenn Sie einmal damit anfangen, Ihren Hund zum Löseplatz zu tragen, ist es möglich, daß sich dies zu einer Gewohnheit entwickelt und Sie Ihren Hund immer tragen müssen. Er wird dann die Befriedigung erleben, SIE erzogen zu haben.

platz gebracht werden. Es ist möglich, daß er mit acht Wochen bereits morgens um fünf nach draußen muß. Jedesmal wenn er sein Bedürfnis anzeigt, indem er eifrig herumschnüffelt und sich im Kreis dreht, ist es außerdem Zeit, ihn in den Garten zu bringen. Für einen Welpen unter zehn Wochen ist es zwingend notwendig, daß ein einstündiger Rhythmus eingehalten wird. Wenn der Welpe größer wird ist er in der Lage, länger durchzuhalten.
Sorgen Sie für kurze Wege zu seinem Löseplatz. Bleiben Sie dort auch nicht länger als fünf oder sechs Minuten, dann gehen Sie ins Haus zurück. Wenn er sich während dieser Zeit löst loben Sie ihn überschwenglich und bringen ihn sofort danach hinein. Wenn er sich nicht löst, aber danach im Haus einen Unfall hat, nehmen Sie ihn hoch, sagen „nein, nein" und kehren zu seinem Löseplatz zurück. Warten Sie dort ein paar Minuten und gehen Sie dann zurück ins Haus. NIEMALS schlagen Sie einen Welpen oder drücken sein Gesicht in Kot oder Urin wenn er einen Unfall hatte!
Wenn Sie wieder im Haus sind setzen Sie den Welpen in seine Flugbox und entfernen Sie die Pfütze mit einem Desinfektionsmittel, das auch den Geruch nimmt. Der Welpe sollte Sie dabei nicht beobachten. Danach lassen Sie ihn wieder im Familienbereich laufen und beaufsichtigen ihn genauer als vorher. Wahrscheinlich war sein Unfall dadurch begründet, daß Sie seine Signale nicht verstanden oder zu lange gewartet haben, bis Sie ihm Gelegenheit gaben,

Übung macht den Meister!
Üben Sie jeden Tag mit Ihrem Hund mehrmals in kurzen Einheiten - drei- oder viermal täglich, für ein paar Minuten ist ideal.
Dehnen Sie die Übungsstunden nicht zu lange aus. Der Hund wird sich sonst langweilen.
Üben Sie niemals, wenn Sie müde, krank, traurig oder sonst in negativer Stimmung sind. Ihre Stimmung wird sich auf den Hund übertragen und somit einen schlechten Einfluß auf seine Leistung haben.
Seien Sie wohlgelaunt, drücken Sie sich präzise aus und schließen Sie die Lektion immer mit einer gelungenen Übung ab, der Sie viel Lob folgen lassen. Genießen Sie die Erziehung und bringen Sie Ihrem Hund bei, sie ebenfalls zu genießen.

Als verantwortungsvoller Besitzer sollten Sie die Hinterlassens chaften Ihres Hundes im eigenen Garten und in der Öffentlichkeit entfernen.

PRÄGUNGSSPIELTAGE eine neue Erfolgsmethode

Ein Prägungsspieltag ist ein Treffen von Welpen zur Weiterführung des Spiel-Lernens mit Gleichaltrigen und dem neuen Rudelführer Mensch. Es ist ein Ersatz für die viel zu früh verlassenen Geschwister, die im Wildrudel kaum vor einem Jahr getrennt würden. Um einen Welpen optimal in seine neue Familie einzugliedern, ist es jedoch nötig, ihn möglichst jung, das heißt, während der Sozialisierungsphase aus dem Hunderudel zu nehmen. Zu diesem Zeitpunkt ist sein innerartliches Verhalten jedoch noch keineswegs gefestigt, es bedarf weiterer regelmäßiger Übung im Spiel mit anderen Welpen.

Den Welpen in der lernfähigsten Zeit seines Lebens roh zu lassen, ist nach den heutigen kynologischen Erkenntnissen nicht mehr zu verantworten. Ein wichtiger Teil eines guten Prägungsspieltages ist aus diesem Grunde die Anleitung des Besitzers für eine frühzeitige Erziehung. Zwischen der 3. und 12. Lebenswoche ist der Welpe in der Lage, alles was er wiederholt, erfahren und gelernt hat, prägungsähnlich in seinem Gedächtnis zu speichern. Die Grundlage der Erziehung muß daher zu diesem Zeitpunkt erfolgen. Die Wichtigkeit qualifizierter Anleitung ergibt sich jedoch ebenfalls aus dem Vorhergesagten, da auch die fehlgelaufenen Erfahrungen und Erlebnisse prägungsähnlich gelernt werden.

Beim Prägungsspieltag werden die Lernschritte klein gehalten, unterschiedliche Reize angeboten und viele Spiele der Welpen untereinander, sowie auch mit dem menschlichen Rudelführer gefördert. Aus diesen Erlebnissen resultiert ein ständig wachsendes Selbstbewußtsein des Welpen und auch eine ständig wachsende Sicherheit des Welpenbesitzers im Umgang mit seinem Hund.

Prägungsspieltage werden von Hundevereinen über die Zeitung und häufig auch auf den Hundeübungsplätzen angeboten. Informieren Sie sich rechtzeitig, damit Sie nach dem Erwerb eines jungen Havaneser baldmöglichst an einer solchen Gruppe teilnehmen können.

Erziehungstip

Die wichtigste Voraussetzung ist Konsequenz. Führen Sie Ihren Hund immer an dieselbe Stelle, benutzen Sie immer dasselbe Kommando und halten Sie ihn an der Leine, wenn er an seinem Löseplatz ist, außer Sie haben einen eingezäunten Garten.

Wenn Sie dieser Erfolgsmethode folgen, wird Ihr Welpe stubenrein sein sobald die Entwicklung seiner Muskeln und seines Gehirns weit genug fortgeschritten ist. Denken Sie daran, daß kleine Hunderassen sich gewöhnlich schneller entwickeln als große. Mit ungefähr 6 Monaten sollten alle Welpen jedoch zuverlässig stubenrein sein.

sich zu lösen. Seien Sie niemals wegen solcher Unfälle wütend auf Ihren Welpen.

Sorgen Sie dafür, daß Ihr Welpe lernt, daß der Gang nach draußen keine Auffoderung zum Spielen bedeutet, sondern, daß er sich lösen soll. Wenn er es erst mal begriffen hat, wird er in der Lage sein, zwischen Spielzeiten drinnen und draußen und Lösezeiten genau zu unterscheiden.

Helfen Sie ihm, einen regelmäßigen Zeitplan für sein Bedürfnis zu entwickeln, indem Sie seinen Tagesablauf möglichst gleichförmig halten. Ermutigen Sie ihn, sich allein zu beschäftigen während Sie sich Ihrem Haushalt widmen. Lassen Sie ihn lernen, daß es sehr angenehm ist, wenn Sie in seiner Nähe sind, aber daß es nicht Ihr Hauptlebenszweck

Wußten Sie schon?
Erfolg, der durch Zufall eintritt, ist gewöhnlich kurzlebig und von den Umständen abhängig. Erfolg, der durch eine wohldurchdachte und erprobte Methode eintritt, wird meistens viel leichter erreicht und ist dauerhafter. Die Erfolgsmethode wurde erdacht, um Ihnen, dem Welpenbesitzer, einen einfachen und erprobten Weg zu zeigen, Ihrem Havaneser zu helfen, sich zu einem Hund zu entwickeln, der sauber ist und sich in seinem Zuhause wohlfühlt.

Ein kleiner Havaneser-Welpe ist mit all seinen Bedürfnissen von Ihnen abhängig. Dies schließt auch seine Erziehung ein.

ist, Ihre ungeteilte Aufmerksamkeit dem Hund zu widmen.
Jedesmal wenn Sie Ihren Welpen in sein Körbchen bringen sagen Sie zu ihm „Geh ins Körbchen" (oder welches Kommando Sie sonst gewählt haben). Wenn er Sie diese Worte sagen hört, wird er dann in kürzester Zeit, zu seinem Körbchen rennen. Am Anfang seiner Erziehung lassen Sie ihn nicht für längere Zeit

aus den Augen, außer nachts, wenn alle schlafen.
Während der Nachtstunden säugt die Mutterhündin zu Beginn alle zwei Stunden ihre Welpen. Im Laufe der Entwicklung verlängert sie die Abstände bis auf etwa vier Stunden. Dieses Schema hilft Ihnen, wenn Sie einen Anhaltspunkt für die Häufigkeit des nächtlichen Aufstehens mit dem Welpen suchen. Eine Grundvoraussetzung für nächtliche Stubenreinheit ist, daß der Welpe sich auf engem Raum in seinem Lager befindet, da er dieses nicht verunreinigen will. Je nachdem, wie tief Sie schlafen, können Sie sein Körbchen neben Ihr Bett stellen – wenn Sie aufwachen, sobald er unruhig wird; oder ihn des nachts in seiner Flugbox einsperren- wenn Sie ihn erst hören wenn er kratzt oder weint.
Im Normalfall wird ein Welpe, der abends etwa um 23.00 Uhr, das letze Mal in den Garten gebracht wurde, ungefähr bis 3.00 Uhr durchhalten. Wenn Sie hören, daß er unruhig wird, nehmen Sie ihn sofort auf den Arm, ziehen Sie Morgenmantel und Pantoffeln an - diese sollten Sie bereits am

Ihr Havaneser wird sein bestes tun um Ihnen seine Wünsche verständlich zu machen. Dieser möchte jetzt nach draußen!

Abend griffbereit hingelegt haben - und tragen Sie ihn nach draußen. (Denken Sie daran – normalerweise sollte Ihr Hund nicht zu Löseplatz getragen werden.) Sobald Ihr kleiner Havaneser sich gelöst hat nehmen Sie ihn wieder mit ins Schlafzimmer. Spielen Sie nicht mit ihm, außer Sie wollen ihm regelmäßig nächtliche Spielstunden anerziehen und lassen Sie sich auch sonst auf keinerlei Aktivitäten ein. Wenn er wieder in seinem Körbchen ist streicheln Sie ihn beruhigend, er wird bald wieder einschlafen.
Mit etwa 12 Wochen können Sie hoffen, daß Ihr Welpe nachts durchschläft. Freuen Sie sich darüber - denken Sie daran, wie lange Sie bei einem Baby brauchen, um dies zu erreichen. Wenn Sie jedoch zu den Menschen gehören, die selbst in der Nacht mehrmals aufstehen müssen, sei es zu einem Gang ins Badezimmer oder zu einem Besuch am Kühlschrank,

Achten Sie drauf!
Der Welpe braucht regelmäßige Spiel- und Bewegungszeiten mit Ihnen oder einem Familienmitglied. Spazierengehen mit einem sehr kleinen Welpen bedeutet, eine kurze Runde ums Haus oder um den Garten zu laufen. Beim Spielen können sie einen großen Ball oder einem alten Strumpf mit einem Knoten in der Mitte benutzen. Denken Sie daran, mit dem Welpen nicht unbedingt lange im Wohnzimmer zu spielen, bevor er sich nicht ausgiebig draußen gelöst hat. Durch die heftige Bewegung wird die Darmtätigkeit angeregt und der Welpe muß dann.

Wußten Sie schon?
Hunde sind so unterschiedlich wie Menschen. Was dem einen guttut kann für den nächsten völlig ungeeignet sein. Sie müssen flexibel bleiben. Wenn eine Erziehungsmethode nicht zum Erfolg führt, versuchen Sie eine andere.

müssen Sie damit rechnen, daß auch Ihr Welpe aufwacht und wie vorher beschrieben - sobald er aufwacht muß er auch nach draußen. Vergessen Sie nicht, ihn auch nachts jedesmal nach einem erfolgreichen Ausflug ausgiebig zu loben und benutzen Sie das antrainierte Schlüsselwort.
Sie sehen, es ist gar nicht so schwierig, Ihren Havaneser zur Stubenreinheit zu erziehen. Die wichtigsten Voraussetzungen sind: Konsequenz, Regelmäßigkeit, Lob, Kontrolle und Überwachung. Wenn Sie diesen Grundregeln folgen, wird bei einem normalen gesunden Welpen der Erfolg schnell eintreten, so daß Sie und Ihr Havaneser ein fröhliches und zufriedenes Leben miteinander führen können.

Die Anwendung von Disziplin, Lob und Strafe

Disziplin, das heißt, jemanden zu trainieren sich an Regeln zu halten, bringt Ordnung ins Leben. Nichts ist einfacher als das. Ohne Disziplin, vor allem in einer Gruppe, wird in kürzester Zeit das Chaos ausbrechen und die Gruppe eventuell auseinanderbrechen. Menschen und Hunde sind soziale Lebewesen und brauchen Disziplin, um zufriedenstellend miteinander

Achten Sie drauf!

Benutzen Sie kein Würgehalsband bevor der Hund nicht mindesten vier Monate alt ist. Würgehalsbänder werden ausschließlich zur Ausbildung eingesetzt und müssen nach dem Üben sofort entfernt werden.

umgehen zu können. Sie müssen Nahrung herbeischaffen, ihr Haus beschützen, für ihre Welpen sorgen und sich repräsentieren, damit die Art nicht ausstirbt.
Wenn es keine Disziplin im Leben sozialer Lebewesen gäbe würden sie wahrscheinlich verhungern oder von anderen, stärkeren Lebewesen gefressen werden.
Im Falle der domestizierten Caniden bedeutet dies: Hunde brauchen Disziplin in ihrem Leben, um ihre Rolle im Rudel kennen zu lernen (bei Ihnen und Ihren Familienmigliedern), um zu wissen, wie sie sich verhalten müssen, damit das Rudel überleben kann.
In einem stark besiedelten Gebiet, wurde über die Zufriedenheit der Hundehalter, zu ihrer Beziehung zu ihren Hunden, befragt. Die Menschen, die ihre Hunde erzogen hatten, waren zu 75 % zufriedenener mit ihren Haustieren als die, die niemals versucht hatten, ihre Hunde zu erziehen.
Dr. Edward Thorndike, ein Psychologe, erarbeitet Thorndike's Lerntheorie. In dieser wird behauptet, daß ein Verhalten, auf das etwas Angenehmes folgt, die Tendenz zeigt, häufiger aufzutreten. Ein Verhalten, auf das etwas Unangenehmes folgt, zeigt die Tendenz, nicht wiederholt zu werden. Auf dieser Theorie basieren die heutigen Trainingsmethoden. Das heißt, wenn Sie Ihren Hund dazu bringen, ein bestimmtes Verhalten zu zeigen, und ihn dafür loben, daß er es tut, wird er es gern noch einmal tun, denn ihm gefiel das Endergebnis.
Gelegentlich ist auch Strafe, eine unangenehme Folge, die nach einem Verhalten auftritt, notwendig. Die effektivste Art von Strafe ist, wenn es durch die Sache selbst geschieht. Zum Beispiel: wenn man einem Kind sagt, daß es nicht an den Ofen fassen sollte, weil es sich verbrennen könnte, wenn es nicht gehorcht. Wenn es dann doch den Ofen anfaßt und es eine Verbrennung bekommt, wird es sich dies merken. Von diesem Zeitpunkt an wird es die Hitze des Ofens respektieren und Kontakt mit ihm vermeiden. Wie gesagt, ein Verhalten, auf welches eine unangenehme Reaktion folgt, wird nicht wiederholt werden.
Ein gutes Beispiel für einen Hund, der auf diese Weise lernt, ist der Hund, der die Hauskatze jagt. Etliche Male ist ihm gesagt worden, er soll die Katze in Ruhe lassen aber er läßt trotzdem keine Gelegenheit aus, sie zu ärgern. Eines Tages dann, als er wieder anfängt

Wußten Sie schon?

Um bei der Erziehung Ihres Hundes Erfolg zu haben müssen Sie selbst vier Regeln befolgen:

1. Sie müssen Verständnis für die Denkvorgänge Ihres Hundes entwickeln
2. Sie dürfen den Hund nicht für einen Kommunikationsfehler strafen
3. Richten Sie Ihre Erziehungsmethoden nach der Persönlichkeit Ihres Hundes aus
4. Beweisen Sie Geduld und Konsequenz.

die Katze zu jagen, dreht die Katze sich um und schlägt mit ausgefahrenen Krallen nach dem Gesicht des Hundes. Er bekommt einen schmerzenden Kratzer auf der Nase und hört endlich auf, die Katze zu jagen.

Trainings-Ausrüstung

Halsband und Leine

Für einen Havaneser sollten Halsband und Leine, welche Sie für die Erziehung benutzen, leicht für den Hund und absolut sicher sein. Eine leichte Nylonleine und ein Nylonhalsband eignen sich bestens.

Leckerbissen

Wenn Sie erreichen wollen, daß Ihr Havaneser sofort auf Ihre Kommandos reagiert können Sie ihn durch Futtergaben aus der Hand unterstützen. Nehmen Sie eine Tüte Leckerbissen mit, etwas Wohlschmeckendes und leicht zu Schluckendes funktioniert am besten. Benutzen Sie weiche Leckerbissen, ein Stückchen Käse oder etwas gekochtes Huhn ist besser als ein Stück Trockenfutter. In der Zeit, in der der Hund mit einem Hundekuchen beschäftigt wäre, würde er vergessen, wofür er im Grunde gelobt wurde. Die Benutzung von Essensresten wird Ihren Hund nicht dazu verleiten, in Zukunft bei Tisch zu betteln - der einzige Weg, einem Hund das Betteln bei Tisch beizubringen ist, ihn vom Tisch zu füttern. Bei der Ausbildung wird es Ihrem Hund erleichtert Lob zu verknüpfen und neue Verhaltensweisen, die seinen Besitzer erfreuen, zu lernen, wenn Sie Ihrem Hund Reste von der Menschenmahlzeit geben.

Achten Sie drauf!
Hunde verstehen unsere Sprache nicht. Sie können lernen, auf ein bestimmtes Geräusch in einer bestimmten Lautstärke zu reagieren. Wenn Sie „Nein Oliver“ in einer sehr freundlichen angenehmen Art sagen, wird dies für ihn nicht dieselbe Bedeutung haben wie "Nein Oliver" wenn Sie laut schreien. Sie sollten niemals den Namen des Hundes während eines Tadels benutzen, nur das Kommando „Nein“. Weil Hunde keine Wörter verstehen, wird im Zirkus häufig ein Wort benutzt, das für die Menschen eine andere Bedeutung hat als für den Hund. Wenn der Hund zum Beispiel das Kommando „Sitz“ bekommt soll er sich hinstellen und umgekehrt.

Erziehungstip
Verwenden Sie Leckerbissen um den Hund zum erwünschten Verhalten zu überreden. Versuchen Sie es mit kleinen Stücken Hartkäse oder gefriergetrocknetem Fleisch. Bieten Sie keine Schokolade an, da diese für Hunde toxisch ist.

Gegenüberliegende Seite: Ihr Havaneser sollte freudig auf Ihre Kommandos reagieren. Deshalb belohnen viele Erzieher jeden Fortschritt mit Leckerbissen. Sie sollten Futterbelohnungen jedoch sparsam einsetzten da sonst nicht Sie, sondern das Futter den Hund kontrolliert.

Versuchen Sie nicht Ihren Hund zu erziehen, wenn rundherum viel Ablenkung ist. Zur Ablenkung genügt manchmal schon eine Fliege.

Die Ausbildung beginnt

Stellen Sie Ihrem Hund eine Frage! Um Ihrem Hund etwas beizubringen müssen Sie zunächst seine Aufmerksamkeit erregen. Er kann nämlich nichts lernen wenn er Sie nicht anschaut und mit seinen Gedanken woanders ist.
Um seine Aufmerksamkeit zu bekommen fragen Sie ihn „Schule?“ und gehen sofort zu ihm. Geben Sie ihm ein Leckerchen und sagen Sie: „So ist es brav“, zu ihm. Warten Sie ein bis zwei Minuten und wiederholen Sie die Übung wenn Sie sich Ihrem Hund bis auf etwa einen Meter genähert haben, diesmal mit einem Leckerchen in der Hand. Gehen Sie nicht direkt zu ihm, sondern bleiben Sie etwa einen Meter vor ihm stehen. Halten Sie ihm das Leckerchen hin während Sie fragen: „Schule?“. Er wird sehen, daß Sie mit einem Leckerbissen in der Hand kommen und sicher anfangen, auf Sie zuzulaufen. Wenn er bei Ihnen ist geben Sie ihm den Leckerbissen und loben ihn wieder.
Beim dritten Mal stellen Sie die Frage; Sie haben ein Leckerchen in der Hand. Gehen Sie nur ein kurzes Stückchen auf den Hund zu, so daß er fast den ganzen Weg zu Ihnen kommen muß. Wenn er Sie erreicht hat geben Sie ihm den Leckerbissen und loben ihn wieder.
So langsam wird es Ihrem Hund wahrscheinlich dämmern: wenn Sie ihm die Frage stellen und er zu Ihnen kommt sind Leckerbissen und Aktivitäten die Folge. Mit anderen Worten, er lernt, daß

Belohnen Sie Ihren Hund mit Worten und Streicheleinheiten, wenn er Ihren Anweisungen folgt. Übertreiben Sie jedoch nicht, da der Hund sonst nicht mehr aufmerksam ist.

Erziehungstip

Auf eingezäuntem Gelände können Sie mit Ihrem Hund Such- und Apportierspiele machen. Verstecken Sie sein Spielzeug und lassen Sie ihn suchen und es zu Ihnen zurück bringen. Nehmen Sie hierfür jedoch ausschließlich Hundespielzeug, weil der Gebrauch von Schuhen, Strümpfen oder Ähnlichem zu Verwechslungen mit Ihren Kleidungsstücken führen könnte.

TRAININGSTIP

Üben Sie besser nicht mit Ihrem Hund wenn Sie müde oder schlecht gelaunt sind. Hunde sind sehr sensibel für menschliche Stimmungen und wenn Ihr Hund merkt, daß Sie traurig oder wütend sind wird er Ihre Wut mit seiner Erziehung verknüpfen und seine Erziehungsstunden fürchten lernen.

Achten Sie drauf!
Wenn Sie noch andere Haustiere haben oder häufig mit den Haustieren von Freunden oder anderen Familienmitgliedern zusammentreffen wird Ihr Welpe sich diesen gegenüber genauso verhalten, wie Sie es tun. Nur wenn Sie Angst oder Zurückhaltung gegenüber einem anderen Tier zeigen wird er sich ängstlich oder unfreundlich verhalten.

„Schule“ bedeutet, mit Ihnen etwas zu tun, das positive Beachtung und Lekkerbissen für ihn zur Folge hat. Erinnern sie sich daran, daß der Hund Ihre Sprache nicht versteht. Er erkennt nur die Laute wieder. Ihre Frage bemerkt er als eine Lautfolge, die ihm bekannt wird und diese Lautfolge wird für ihn das Signal, zu Ihnen zu gehen und aufmerksam zu sein. Wenn er dies tut werden Sie sich mit ihm beschäftigen, ihn loben und ihm Leckerbissen geben.

Die grundlegenden Kommandos

„Sitz“

In dem Augenblick, in dem Sie die Aufmerksamkeit Ihres Hundes haben, nehmen Sie die Leine in die linke und den Leckerbissen in die rechte Hand.

Wußten Sie schon?
Ein aufgeregter Hund legt sich niemals hin. Er bleibt aufrecht auf seinen Füßen stehen, weil alle Instinkte ihm sagen, daß er eventuell fortlaufen oder um sein Leben kämpfen muß. Deshalb wird ein ängstlicher oder wütender Hund sich nicht hinlegen. Also ist es wichtig, den Hund für die Platzübung in ruhige, ausgeglichene Stimmung zu versetzen. Sprechen Sie mit ruhiger Stimme mit ihm.

Beim Lernen neuer Kommandos sollten Sie Ihren Hund mit Futter unterstützen. Wenn er die Aufgabe begriffen hat, ist Futter zur Motivation nicht mehr unbedingt nötig.

Halten Sie dem Hund den Leckerbissen vor die Nase und lassen Sie ihn daran schnuppern ohne daß er ihn jedoch bekommt. Sagen Sie „Sitz“ und heben Sie langsam Ihre Hand mit dem Leckerchen von der Nase des Hundes hoch über seinen Kopf, sodaß er an die Decke schaut. Wenn er seinen Kopf nach oben strecken will muß er seine Hinterbeine beugen um die Balance zu halten. Wenn er seine Knie beugt nimmt er automatisch die gewünschte Sitzposition ein. In diesem Moment geben Sie ihm den Leckerbissen und loben ihn überschwenglich, mit Ausdrücken wie: „braver Hund“, „brav Sitz“ usw.. Loben Sie ihn immer wieder enthusiastisch, da Hunde verbale Verstärkung von ihren Besitzern erkennen können und stolz auf sich sind, wenn sie etwas richtig gemacht haben.

Die Sitz- und Bleib-Übung entwickelt sich aus dem korrekten „Sitz". Denken Sie daran, Futterbelohnungen nur sparsam einzusetzen damit der Hund die Übungsstunden nicht mit seiner Mahlzeit verwechselt.

Um den Hund dazu zu bringen, Ihren Kommandos zu folgen, werden Sie nicht für immer Futter brauchen. Futter wird nur benötigt, um dem Hund neue Kommandos beizubringen. Wenn er erst mal begriffen hat was Sie meinen, werden Sie dieses Kommando geben. Verzichten Sie auf das Futter, aber behalten Sie das verbale Lob bei. Schließlich werden Sie Ihre Stimme ständig bei sich haben, aber es wird viele Gelegenheiten geben, bei denen Sie von Ihrem Hund erwarten, daß er gehorcht, obwohl Sie kein Futter in der Tasche haben.

„Platz"

Die „Platz"-Übung ist nicht schwer zu verstehen, wenn Sie wissen, wie der Hund sich hinlegt. Sie ist schwierig, wenn Sie es nicht verstehen. Falls Sie die falsche Methode, zum Lernen der „Platz"-Übung benutzen, kann es vorkommen, daß Ihr Hund eine solche Angst vor dem „Platz" entwickelt, daß er entweder fortläuft wenn Sie „Platz" sagen oder versucht, denjenigen, der ihn in die „Platz"-Position zwingen will, zu beißen.

Lassen Sie den Hund eng an Ihrem linken Bein sitzen. Er soll in dieselbe Richtung schauen wie Sie. Nehmen Sie die Leine in die linke und einen Leckerbissen in die rechte Hand. Nun legen Sie Ihre linke Hand leicht auf den Widerrist des Hundes. Dies ist die Stelle, wo sich die Schulterblätter über der Wirbelsäule treffen. Drücken Sie die Schultern des Hundes nicht nach unten, legen Sie Ihre linke Hand nur dorthin. So können Sie Ihrem Hund helfen, sich dicht neben Ihr linkes Bein zu legen anstatt sich von Ihrer Seite zu entfernen wenn er hinuntergeht.

Nun halten Sie die Hand mit dem Leckerbissen vor die Nase des Hundes, sagen Sie sehr leise (beinahe flüsternd) „Platz" und ziehen Sie langsam die Hand in Richtung der Vorderfüße des

Wußten Sie schon?

Wenn Sie Ihrem Welpen ein gemütliches Spiel- und Ruhelager machen und ihm genügend Gelegenheit geben, sich draußen zu lösen, wird Ihr kleiner Havaneser schnell lernen, daß draußen der richtige Ort ist, Wasser zu lassen oder zu koten. Dabei hilft ihm sein angeborener Instinkt, seinen Schlafplatz sauber zu halten. Dieser wiederum hilft, die Muskelkontrolle zu entwickeln die ein Hund braucht, um längere Zeit einzuhalten. Mit diesem Training können Sie Ihren Welpen zur Stubenreinheit erziehen.

Sprechen Sie deutlich und konsequent die Kommandos für Ihren Havaneser aus. Schreien Sie ihn jedoch nicht an. Ihr Havaneser ist ein intelligenter Hund, der am besten auf einen freundlichen ausgeglichenen Ausbilder reagiert.

Hundes nach unten. Wenn Ihre Hand den Boden erreicht beginnen Sie, sie nach vorne zu bewegen, auf den Boden vor dem Hund. Sprechen Sie freundlich mit dem Hund, sagen Sie Worte wie „Möchtest du dieses Leckerchen haben?“, „Du kannst es kriegen, guter Hund“. Ihre ruhige Stimmlage wird den Hund beruhigen. So kann er sich darauf konzentrieren, Ihrer Hand zu folgen um das Leckerchen zu bekommen.
In dem Augenblick, in dem die Ellenbogen des Hundes den Boden berühren, geben Sie ihm das Futter und loben ihn sanft. Versuchen Sie den Hund dazu zu bringen, die „Platz“-Position für ein paar Sekunden beizubehalten bevor er sich wieder setzen darf. Das Ziel muß hier sein, dem Hund zu lernen, ruhig zu bleiben und sich in der „Platz“-Position nicht zu fürchten.

„Bleib“

Es ist einfach, dem Hund beizubringen, in der„Sitz“- oder „Platz“-Position zu bleiben. Wieder benutzen wir Lob und Futter während des Lernprozesses um dem Hund zu helfen, genau zu verstehen, welches Verhalten wir von ihm erwarten.
Um dem Hund „Sitz/Bleib“ beizubringen, beginnen Sie mit dem sitzenden Hund an Ihrer Seite wie vorher. Halten Sie die Leine in der linken Hand. Nehmen Sie einen Leckerbissen in die rechte Hand und halten Sie diesen vor die Nase des Hundes. Sagen Sie „Bleib“ und drehen Sie sich auf Ihrem rechten Fuß, bis Sie direkt vor Ihrem Hund stehen. Zeh an Zeh, während er an dem Leckerbissen lutscht und knabbert. Achten Sie darauf, daß er nach oben schaut während er die „Sitz“-Position beibehält. Zählen Sie bis fünf, dann drehen Sie sich wieder zurück bis Sie wieder neben Ihrem Hund stehen, er an Ihrer linken Seite. Sobald Sie die Ausgangsposition wieder erreicht haben geben Sie ihm das Futter und loben Sie ihn sehr.
Um ihm „Platz/Bleib“ beizubringen führen Sie das „Platz“ wie vorher beschrieben durch. Sobald der Hund sich gelegt hat sagen Sie „Bleib“ und drehen sich auf ihrem rechten Fuß wie beim „Sitz/Bleib“. Zählen Sie bis fünf, dann kehren Sie zurück neben Ihren Hund, geben ihm das Leckerchen und loben ihn sehr.
Nach einer Woche oder zehn Tagen können Sie damit beginnen, etwas

mehr Abstand zwischen sich und Ihrem Hund zu legen wenn Sie ihm „Bleib“ befohlen haben. Hierbei benutzen Sie die geöffnete linke Hand, mit der Handfläche Ihrem Hund zugekehrt, als „Bleib“-Signal. Ungefähr so, wie ein Polizist das Handzeichen gibt um den Verkehr an einer Kreuzung zu stoppen. Halten Sie das Futter wie vorher in der rechten Hand aber diesmal berührt es die Nase des Hundes nicht. Er wird die Futterhand beobachten und schnell lernen, daß er den Bissen bekommt sobald Sie wieder an seiner Seite sind.
Wenn Sie eine halbe Minute, einen Meter von Ihrem Hund entfernt stehen können, beginnen Sie, Abstand und Zeit zu verlängern. Später können Sie Ihren Hund über einen längeren Zeitraum in der „Bleib“-Position belassen, bis Sie zu ihm zurück gehen oder ihn zu sich rufen. Loben Sie ihn immer sehr, wenn er bleibt.

„Komm“

Sie sollten die „Komm“-Übung zu einem freudigen Erlebnis für Ihren Hund

Erziehungstip

Wenn Sie Ihren Hund rufen sagen Sie nicht „komm“. Sagen Sie etwas wie „Roger, wo bist du, schau mal, ob du mich finden kannst, ich habe ein Leckerchen für dich“. Behalten Sie diese Art freundlichen Rufens bei und wiederholen Sie die Frage „Wo bist du“. Der Hund wird lernen, dem Geräusch Ihrer Stimme zu folgen und sich seine Belohnung abholen.

Erziehungstip

Rufen Sie den Hund nicht um ihn zu strafen und korrigieren Sie ihn nicht während er auf Sie zuläuft. Dies ist der schnellste Weg, das Kommando "Komm" mit schnellem Fortlaufen zu verknüpfen. Hunde leben nur in der Gegenwart und verbinden die Strafe mit dem Herankommen zum Besitzer, nicht mit dem Fehlverhalten ein paar Augenblicke früher.

machen. Dann werden Sie niemals einen Schüler haben, der dieses Spiel nicht liebt oder der, wenn er gerufen wird, nicht kommt. Das Geheimnis ist anscheinend, ihm niemals das Wort „Komm“ beizubringen.
In den Augenblicken, in denen ein Besitzer unbedingt will, daß sein Hund kommt, wenn er ihn ruft, ist der Besitzer besonders aufgeregt oder ängstlich und teilt dem Hund diese Gefühle, durch seinen Tonfall mit. Der Hund hört die Verzweiflung in der Stimme seines Herrn, fürchtet sich zu ihm zu gehen und wird deshalb entweder regelrecht nicht gehorchen oder, in die entgegengesetzte Richtung, weglaufen. Das Geheimnis ist also, dem Hund ein Spiel beizubringen und, wenn Sie wollen, daß Ihr Havaneser zu Ihnen kommt, einfach das Spiel zu beginnen. Dies ist eine praktisch niemals versagende Lösung.
Zu Anfang geben Sie mehreren Mitgliedern Ihrer Familie ein paar Leckerchen in die Hand. Jeder soll sich in einem anderen Raum des Hauses verstecken. Rufen Sie abwechselnd und jedes Familienmitglied das von Ihrem Hund gefunden wurde, soll den Hund loben und füttern. Wenn ein Mensch

den Hund ruft, lädt er den Hund dazu ein, ihn zu finden und ein Leckerchen für seinen Erfolg zu erringen.
Haben Sie das „Wo bist du"-Spiel ein paar Mal gespielt wird Ihr Hund gelernt haben, daß jeder dieses Spiel spielt und alle Personen ihn sehr ermuntern und seinen Erfolg bei seiner Suche erwarten. Wenn er das Spiel erst einmal richtig liebt, brauchen Sie nur noch zu rufen: „Wo bist du?" Er kommt sofort angerannt, um dieser wichtigen Frage nachzugehen. Der Befehl „Komm" wird als eins der wichtigsten Dinge angesehen, die ein Hund können muß. Es ist interessant zu wissen, daß viele Ausbilder, die mit tausenden von Hunden arbeiten, niemals das eigentliche Wort „Komm" benutzen. Alle diese Hunde werden sich beeilen um einer Person zu folgen, die den Namen des Hundes ausruft, gefolgt von: „Wo bist du?"
Eine Frau hatte einen zwölf Jahre alten Begleithund der blind wurde, aber immer seine Besitzerin fand, wenn er gefragt wurde: „Wo bist du?"
Kinder lieben es im übrigen, dieses Spiel mit ihren Hunden zu spielen. Kinder können sich an kleineren Plätzen verstecken. In einer Dusche oder Badewanne, hinter einem Bett oder unter einem Tisch. Der Hund muß sich mehr anstengen um diese Verstecke zu finden, aber wenn er sie gefunden hat, freut er sich umso mehr, seinen Erfolg mit einem Leckerbissen und einer Umarmung von seinem Lieblingskind zu feiern.

Erziehungstip
Wenn Ihr Hund beim Spazieren gehen plötzlich stehen bleibt und Ihnen gerade in die Augen schaut ignorieren Sie ihn. Straffen Sie die Leine und führen Sie ihn in die Richtung, in die Sie gehen wollen.

Ein Havaneser geht Bei-Fuß. Er hat sich völlig der Geschwindigkeit seines Hundeführers angepaßt.

„Fuß"

„Bei-Fuß"-Gehen bedeutet, daß der Hund neben seinem Besitzer läuft ohne zu ziehen. Der Besitzer braucht Zeit und Geduld um dem Hund beizubringen, daß er (der Besitzer) nicht weitergehen wird bevor der Hund nicht ruhig neben ihm läuft. An der Leine vorauszuziehen ist absolut unakzeptabel.
Fangen Sie an, mit der Leine in Ihrer linken Hand während der Hund neben Ihrem linken Bein sitzt. Halten Sie die Schlaufe am Ende der Leine in Ihrer rechten Hand aber halten Sie Ihre linke Hand kurz an der Leine, so daß Sie auf diese Art Ihren Hund dicht bei sich halten. Sagen Sie „Fuß" und

gehen Sie mit Ihrem linke Fuß an. Halten Sie den Hund dicht bei sich und machen Sie drei Schritte. Bleiben Sie stehen und lassen Sie den Hund sich neben Sie in „Fuß"-Position setzen. Loben Sie ihn verbal aber fassen Sie den Hund nicht an. Warten Sie einen Augenblick und beginnen Sie noch einmal mit „Fuß", drei Schritte und anhalten, worauf der Hund sich wieder setzen soll.

Ihr Ziel ist hier, den Hund dazu zu bringen, die drei Schritte zu gehen ohne an der Leine zu ziehen. Wenn er drei Schritte ruhig neben Ihnen läuft ohne zu ziehen versuchen Sie es mit fünf Schritten. Sobald er fünf Schritte ordentlich neben Ihnen läuft können Sie die Länge bis auf zehn Schritte erhöhen. Steigern Sie langsam die Länge Ihrer Wege, solange, bis der Hund ruhig ohne zu ziehen neben Ihnen läuft, solange Sie ihn „Bei-Fuß" wollen. Möchten Sie ihn frei springen lassen zeigen Sie dem Hund, daß die Übung zu Ende ist indem Sie ihn loben, streicheln und ihm sagen „Okay, guter Hund". Das Okay brauchen Sie als Zeichen dafür, daß die Übung zu Ende ist und Ihr Hund sich frei bewegen darf.

Besteht Ihr Hund darauf, Sie herumzuzerren, ziehen Sie einfach die „Bremse an" und bleiben Sie an einem Fleck stehen. Bis Ihr Hund einsieht, daß keiner von Ihnen beiden irgendwohin geht, bevor er nicht neben Ihnen ist und sich Ihrer Geschwindigkeit anpaßt – nicht umgekehrt. Es kann einige Zeit dauern, einfach nur dazustehen um den Hund zu überzeugen, daß Sie der Führer sind und somit derjenige, der Geschwindigkeit und Richtung Ihres Ausflugs angiebt.

Jedesmal wenn der Hund Sie anschaut oder so langsam wird, daß die Leine zwischen Ihnen durchhängt, loben Sie ihn ruhig und sagen zu ihm „Guter Hund, gut Fuß". Schließlich wird der Hund beginnen, zu reagieren und in ein paar Tagen wird er ordentlich neben Ihnen laufen ohne an der Leine zu zerren. Zu Anfang sollten die Trainings-Einheiten kurz und sehr positiv gehalten werden. Bald wird Ihr Hund in der Lage sein, sehr schön mit Ihnen auf immer größeren Entfernungen zu laufen. Denken Sie auch immer daran, dem Hund Freizeit und die Gelegenheit zum Rennen und Spielen zu geben, wenn Sie mit der „Fuß"-Übung fertig sind.

Wußten Sie schon?

Grundgehorsamskurse dauern gewöhnlich zwischen 6 und 8 Wochen. Hund und Besitzer nehmen einmal in der Woche an einer Übungsstunde teil und üben zu Hause mehrmals am Tag für ein paar Minuten. Wenn dies konsequent durchgeführt wird, ist das Ergebnis ein wohlerzogener Hund und ein Besitzer, der froh sein kann, mit einem Hund zusammen zu leben, der sich gut benimmt und es genießt, mit seinem Besitzer etwas zu unternehmen.

Abbau von Futter beim Training

Futter wird gebraucht, wenn Sie einem Hund neue Verhaltensweisen beibringen wollen. Hat Ihr Havaneser einmal verstanden, welches Verhalten mit einem bestimmten Kommando einhergeht, ist es an der Zeit, ihm die Leckerchen abzugewöhnen. Zuerst geben Sie nach jeder Übung eine Belohnung. Dann beginnen sie, nur noch nach jeder zweiten Übung, eine

Belohnung zu geben. Wechseln Sie die Gelegenheiten, bei denen Sie Futter geben mit denen, wo Sie Ihren Hund nur loben, ab. So weiß Ihr Hund niemals genau, ob er beides bekommt, Lob und Futter, oder nur Lob. Dies nennt man variierendes Belohnungssystem und es hat sich als erfolgreich erwiesen, weil es für den Hund jedesmal wieder die Chance gibt, daß der Besitzer ihm ein Leckerchen gibt, so daß er niemals aufhört, sich darum zu bemühen. Wie auch immer, vergessen Sie bei keiner Gelegenheit das Lob.

Begleithunde-Prüfungen

Wie zuvor schon gesagt ist es nicht schlecht, an einer Begleithunde-Ausbildung teilzunehmen, sofern diese in Ihrer Gegend angeboten wird. In vielen Gegenden gibt es Hundevereine, die Grundgehorsams-Training und auch Vorbereitungsklassen für Gehorsams-Wettkämpfe anbieten. Es gibt auch örtliche Hundeausbilder, die verschiedene Kurse durchführen.

Bei Gehorsams-Wettkämpfen können Hunde in verschiedenen Ausbildungsstufen Titel erringen. Die Grundausbildung enthält Grundkommandos wie „Sitz", „Platz", „Fuß" usw.. Die fortgeschrittenen Prüfungs-Ordnung enthält: Springen, Apportieren, Fährtensuche und Gehorsam auf Zeichen. Für die Fortgeschrittenen-Prüfungen müssen Hund und Besitzer viel Zeit und Anstrengung in ihr Training investieren. Jedoch sind die Titel, die hierbei errungen werden können, sehr eindrucksvoll.

Andere Ausbildungsmöglichkeiten

Wenn ein Hund in der strukturierten Umgebung eines Hundeplatzes oder allein mit seinem Besitzer zu Hause übt, gibt es viele Möglichkeiten, die Spaß und Nutzen für Herrn und Hund bringen können. Wenn Sie Ihrem Hund beibringen, im Haus, oder auf dem Bauernhof bei der Arbeit zu helfen, bringt dies Befriedigung für Hund

Ziehen Sie Ihren Havaneser nicht an der Leine hinter sich her. Er darf das „Bei-Fuß"-gehen nicht mit einer unangenehmen Erfahrung verknüpfen.

und Besitzer. Außerdem macht die Hilfe des Hundes das Leben für seinen Besitzer ein bißchen leichter und erhöht den Status des Hundes als geschätztes Familienmitglied. Es tut dem Hund gut, eine Aufgabe zu haben. Dadurch wird sein Geist beschäftigt und sein Körper findet ein Ventil für seine überschüssige Energie.
Bergwandern ist eine gesunde Tätigkeit, die dem Hund allein von seinem Besitzer beigebracht werden kann. Die Bewegung durch Laufen und Klettern ist gut für Mensch und Hund und die Bindung, die sich zwischen ihnen bildet, ist unbezahlbar.

Wußten Sie schon?
Wenn Sie mit Ihrem Havaneser an Agillity-Wettbewerben teilnehmen wollen, sollten Sie Mitglied in einem Hundeverein werden. Es gibt verschiedene Parcours, je nach Größe der teilnehmenden Hunde. Ein erfahrener Ausbilder wird Ihnen Erziehungstricks nennen, die es Ihnen und Ihrem Hund erleichtern, sich im Parcours erfolgreich zu bewegen.
Diese Agility-Wettbewerbe können für Sie und für Ihren Hund ein großer Spaß sein. Denken Sie daran, es soll Spaß machen und nicht zu ernst genommen werden.

Im Ausstellungsring muß der Havaneser genau den Anweisungen seines Vorführers folgen. Für Ausstellungshunde ist das „Bei-Fuß"-gehen besonders wichtig, damit das Gangwerk beurteilt werden kann.

Wenn Sie Lust haben, mit Ihrem Havaneser an regelrechten Wettkämpfen teilzunehmen, gibt es noch andere Sportarten die Sie mit Ihrem Hund erlernen können. Agility ist ein populärer Sport, bei dem Hunde durch einen festgelegten Parcours laufen, der verschiedene Sprünge, Tunnel und andere Hindernisse enthält. Hier wird die Schnelligkeit und Koordination des Hundes bewertet. Die Besitzer laufen meist mit ihren Hunden durch den Parcours, um Kommandos zu geben und sie durch die Hindernisse zu leiten. Obwohl es sich um einen Wettkampf handelt, liegt die Betonung auf Spaß - es macht Spaß, teilzunehmen oder zuzuschauen und es ist eine großartige Möglichkeit, um Ihrem Hund die nötige Bewegung zu verschaffen.

Die Gesundheit Ihres Havanesers

Da Hunde wie die Menschen Säugetiere sind, leiden sie häufig unter den gleichen physischen Krankheiten wie wir. Sie können sogar etliche psychische Probleme mit uns gemeinsam haben. Weil die meisten Menschen mehr über menschliche Erkrankungen, als über tierische Leiden wissen, benutzen wir in diesem Kapitel viele Ausdrücke, die allgemein gebräuchlich sind, aber nicht unbedingt denen entsprechen, die der Tierarzt benutzen würde. Wir gebrauchen beispielsweise noch den Ausdruck Röntgenaufnahme, anstelle des modernen Begriffs Radiographie. Wir werden auch den Ausdruck Symptome benutzen, obwohl Hunde keine Symptome sondern klinische Anzeichen haben. Symptome sind nämlich die verbale Beschreibung dessen, was der Patient fühlt. Weil Hunde nicht sprechen können müssen wir nach klinischen Anzeichen suchen. Wir werden aber trotzdem weiterhin den Begriff Symptome in diesem Buch verwenden.

Als generelle Regel sieht man an, daß Medizin ausgeübt wird. Dieser Ausdruck ist nicht fehl am Platze. Medizin ist eine Kunst. Sie ist einem ständigen Wandel unterzogen, da wir immer mehr über Genetik, elektronische Hilfen (wie Computer-Tomographie) und Meinungen lernen. Es gibt viele Hundekrankheiten, wie zum Beispiel Hüftgelenkdysplasie, die nicht überall auf dieselbe Art und Weise behandelt werden. Manche Tierärzte entscheiden sich häufiger für Operationen als andere.

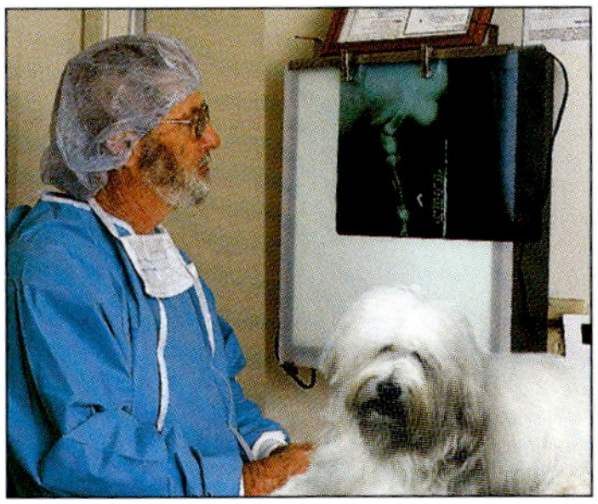

Wahl des Tierarztes

Ihre Auswahl eines Tierarztes sollte sich nicht allein nach seiner Persönlichkeit (wie es meist gehandhabt wird) sondern auch nach seiner Erreichbarkeit, von Ihrem Wohnort aus, richten. Sie brauchen einen Arzt, der zum Beispiel dann in der Nähe ist, wenn ein Notfall vorliegt oder wenn mehrere Besuche für eine Behandlung nötig sind. Sie wollen einen Tierarzt, der auch einen gewissen Service anbietet, wie die Vermittlung von Pflegeplätzen oder Aufzuchtstellen bei übergroßen Würfen und der einen guten Ruf in Bezug auf seine Fähigkeiten und seine Verantwortung hat. Es gibt nichts frustrierenderes als stunden- oder tagelang auf den Rückruf eines Tierarztes warten zu müssen.

Bevor Sie einen Havaneser kaufen, sprechen Sie mit den Tierärzten in Ihrer Gegend und wählen Sie den Arzt, der Ihnen am besten geeignet erscheint.

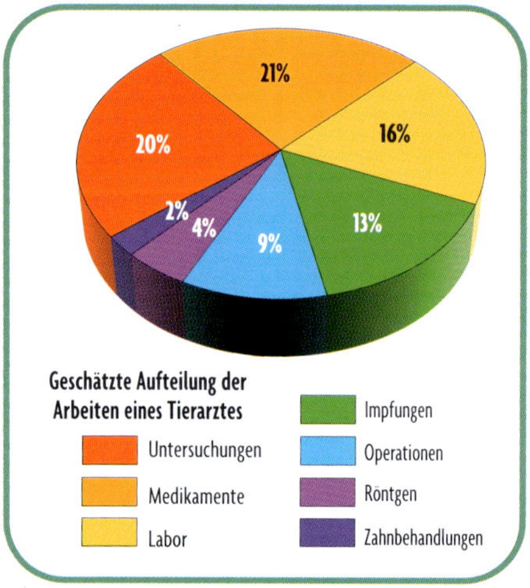

Alle Tierärzte müssen von der Tierärztekammer zugelassen sein. Es gibt jedoch viele tierärztliche Spezialgebiete, die gewöhnlich eine längere Studienzeit und Hospitantentätigkeit erfordern. Es gibt Spezialisten für Herzprobleme (Kardiologen), Hautprobleme (Dermatologen) und Fachärzte für viele weitere Spezialgebiete wie für Röntgenaufnahmen (Radiologen) und Tierärzte, deren Spezialgebiet Muskeln, Knochen und andere Organe sind. Die meisten Tierärzte machen Routineoperationen wie Kastration, Wundennähen usw. in ihrer eigenen Praxis. Wenn Ihr Hund eine schwere Krankheit hat, ist es nicht unüblich und sicher auch nicht falsch, eine zweite medizinische Meinung einzuholen. Sie werden eventuell auch die Preise verschiedener Tierärzte miteinander vergleichen wollen. Tierkliniken und Spezialbehandlungen können sehr teuer sein. Schämen Sie sich nicht, diese Kosten mit Ihrem Tierarzt oder seinen Angestellten zu besprechen. Vielleicht gibt es eine preisgünstigere Lösung. Wenn Sie sich einmal dafür entschieden haben einen jungen Havaneser in Ihre Familie aufzunehmen sind Sie auch für seine Gesundheit verantwortlich. Nicht nur das deutsche Tierschutzgesetz bestimmt, daß Sie dem Hund bei Schmerzen oder Erkrankungen Hilfe zukommen lassen müssen, Sie haben auch eine moralische Verpflichtung für die Gesundheit Ihres Hundes zu sorgen, wie Sie es auch für Ihr Kind tun würden.

Vorsorge

Es ist viel einfacher, wesentlich preisgünstiger und effektiver, Vorsorge zu treffen, als einen Kampf gegen schwere Erkrankungen zu führen.

Korrekt gezüchtete Welpen kommen von Eltern, die auf genetische Erkrankungen untersucht wurden. Ihre Mütter sollten geimpft, frei von allen inneren und äußeren Parasiten und gut ernährt sein. Ein Besuch bei dem Tierarzt, der sich um die Mutterhündin kümmert, wäre daher angebracht. Die Mutterhündin kann ihre eigenen Abwehrkräfte an die Welpen weitergeben. Diese nateralen Antikörper halten gewöhnlich bis zur achten oder zehnten Lebenswoche vor. Sie kann jedoch auch Parasiten und viele Infektionen an ihre Welpen weitergeben. Deshalb sollten Sie den Tierarzt, bei dem die Mutterhündin behandelt wurde,aufsuchen.

Erste Hilfe auf einen Blick

Verbrennungen
Körperteile unter Wasser halten, kleinere Verletzungen mit Eis behandeln.

Insektenstiche
Eisstücke auf die Schwellung legen, Anti-Allergiemittel (vom Tierarzt) verabreichen.

Tierbisse
Wenn nötig Druckverband anlegen, nächsten Tierarzt aufsuchen.

Verschlucken von Fremdkörpern
Den Hund nicht erbrechen lassen. Tierarzt anrufen.

Vergiftung mit Frostschutzmittel
Mit Hilfe von Wasserstoffperoxid den Hund sofort zum Erbrechen bringen..

Angelhaken
Vom Tierarzt entfernen lassen, denn der Angelhaken muß zerschnitten werden.

Schlangenbisse
Hund ruhigstellen, Schwellung kühlen, Schlangenart identifizieren und dann sofort den Tierarzt informieren.

Autounfall
Hund von der Straße entfernen, wegen Schockgefahr anleinen, Tierarzt rufen.

Schock
beruhigen, warmhalten, Maulkorb anlegen, Tierarzt aufsuchen.

Nasenbluten
Kalte Kompressen auf die Nase legen, Druckverband bei Hautabschürfungen.

Blutungen
Druckverband anlegen, und dann sofort den Tierarzt aufsuchen.

Hitzschlag
nicht im kalten Wasser baden - Schockgefahr! Schatten suchen, Tierarzt aufsuchen.

Erfrierungen
nicht in heißem Wasser baden - Schockgefahr, in Decken einwickeln.

Hautabschürfungen
bei geringen Abschürfungen möglichst bluten lassen, die Wunde reinigt sich dann selbst. Oft genügt ein Sprühpflaster.

!! *Denken Sie daran, ein verletzter Hund kann versuchen, vor Angst und Schock die helfende Hand zu beißen. Legen Sie dem Hund immer einen Maulkorb an, bevor Sie ihn versorgen.* !!

Vom Absetzen bis zum fünften Monat

Welpen sollten mit ungefähr acht Wochen von ihrer Mutter abgesetzt werden. Ein Welpe, der mindestens acht Wochen bei seiner Mutter und seinen Wurfgeschwistern bleibt arrangiert sich später meist besser mit anderen Hunden und fremden Menschen.

In jedem Fall sollten Sie Ihren neu gekauften Welpen umgehend einem Tierarzt vorstellen. Impfprogramme beginnen gewöhnlich, wenn der Welpe noch sehr jung ist.

Die Zähne des Welpen werden untersucht, seine Knochen durchgecheckt und ein Blick auf seine allgemeine Gesundheit sollte vom Tierarzt auch geworfen werden. Welpen können Probleme mit ihren Kniescheiben, mit jugendlichem Grauen Star und anderen Augenproblemen, Herzgeräuschen und nicht abgestiegenen Hoden haben. Sie können auch Wesensprobleme haben und ihr Tierarzt ist möglicherweise in der Lage, Ihnen eine Gruppe für Prägungsspieltage zu nennen.

Achten Sie drauf!

Wenn der Welpe ungefähr 10 Tage alt ist beginnt die Gesundheitsfürsorge für ihn selbst, zunächst mit einer Wurmkur. Die meisten Welpen haben Würmer, da während der Trächtigkeit der Mutterhündin, die Übertragung von Würmern direkt aus dem Körper der Mutter stattfindet. Die Mutterhündin muß daher regelmäßig mit ihren Kindern entwurmt werden. Wenn die Wurmkuren alle zehn Tage wiederholt werden, wird der Welpe sehr bald wurmfrei sein und keine Infektionsgefahr mehr bestehen.

Impfschema

Die meisten Impfungen werden gespritzt und dürfen nur vom Tierarzt verabreicht werden. Sie bekommen einen internationalen Impfpaß, in dem das Impfdatum der Impfstoff und die Chargenbezeichnung des verwendeten Impfstoffs, mit Unterschrift des Tierarztes, bescheinigt werden. Über das Impfschema gibt es viele verschiedene Ansichten. Einige neuere Impfstoffsorten enthalten Wirkstoffe gegen die sechs bis acht häufigsten Infektionskrankheiten, auf einen Schlag. Da jedoch der Welpe für jede einzelne dieser Krankheiten Antikörper ausbilden muß, wird diese Art der Grundimmunisierung häufig als zu belastend für den jungen Hund angesehen. Eine gute erprobte Möglichkeit wäre folgendes Impfschema: mit sechs Wochen läßt derZüchter seine Welpen erstmalig gegen Parvovirose und Staupe impfen um die Möglichkeit einer Infektion für den Fall auszuschließen, daß die Menge der mütterlichen Antikörper bereits erheblich zurückgegangen ist. Mit der Abgabe der Welpen müssen diese laut Vorschrift des VDH gegen Parvovirose, Staupe, Leptospirose und Hepatitis geimpft sein. Diese Impfung sollte etwa 10 Tage vor der Abgabe stattfinden, damit der Abgabestreß nicht die Bildung der erwünschten Antikörper behindert. Vier Wochen später kann der Welpenbesitzer den zweiten Teil der

Normaler Knochenbau des Havanesers

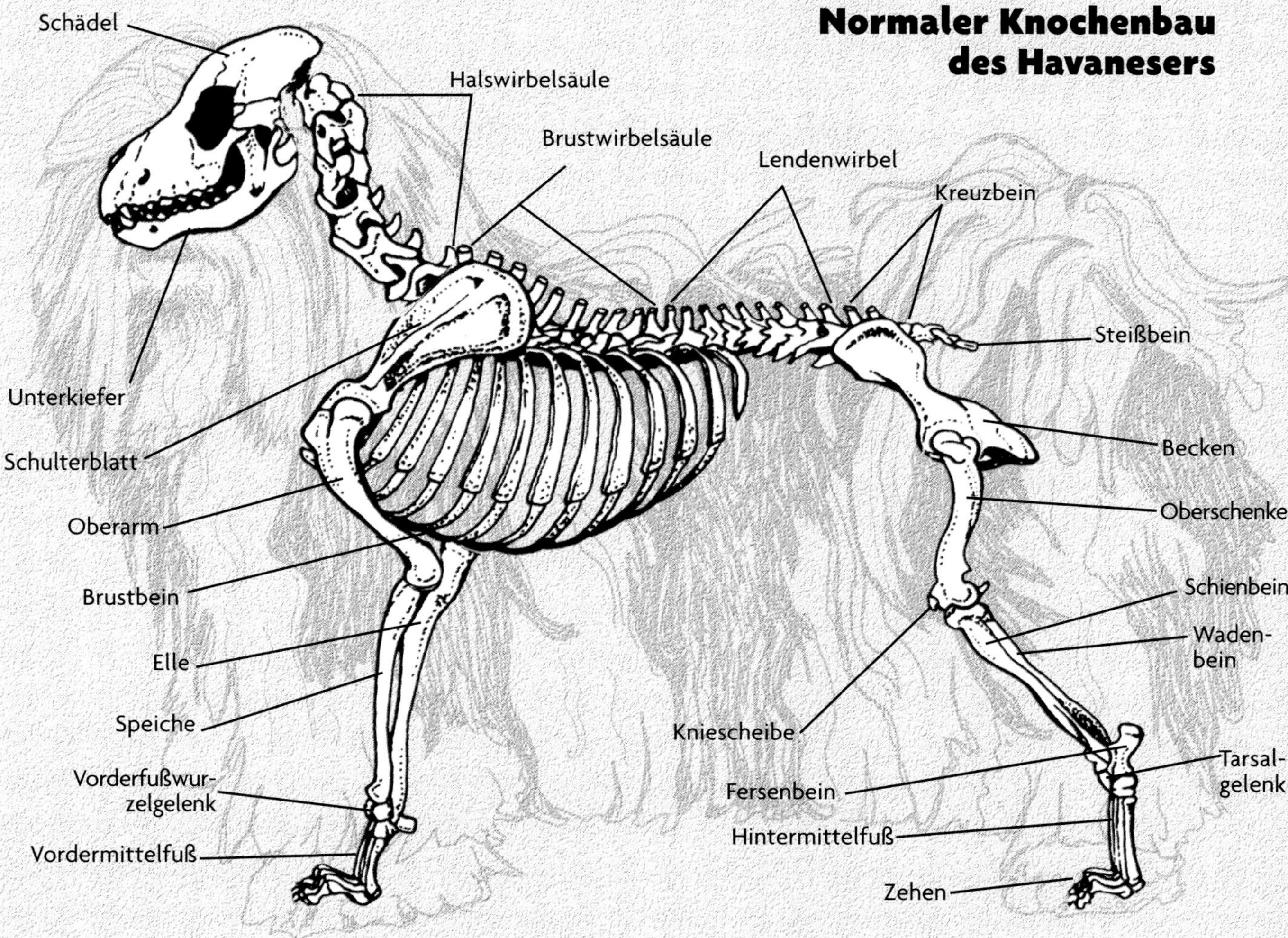

Vorsorgeuntersuchungen und Impfschema								
Alter in Wochen:	**3**	**6**	**8**	**10**	**12**	**14**	**16**	**20-24**
Entwurmung	✔	✔	✔	✔	✔	✔	✔	✔
Parvorirose			✔		✔			
Staupe			✔		✔			
Hepatitis			✔		✔			
Leptospirose			✔		✔			
Parainfluenza			✔		✔			
Zahnuntersuchung			✔		✔			
Grunduntersuchung			✔					✔
Wesenstest			✔					
Zwingerhusten					✔			
Tollwut					✔			

Impfungen sind nicht sofort effektiv. Das Immunsystem des Hundes benötigt etwa zwei Wochen zur Entwicklung von Antikörpern. Die meisten Impfungen erfordern Nachimpfungen, die in jährlichen Abständen oder auch nur alle zwei Jahre fällig werden. Ihr Tierarzt wird die Impfintervalle festlegen und überwachen.

Grundimmunisierung durchführen lassen. Hierbei sollte dann auch gegen Tollwut geimpft werden. Dies ist besonders wichtig, wenn Sie mit Ihrem Welpen in ländlichen Gebieten oder am Stadtrand wohnen, da die Gefahr des Zusammentreffens mit einem tollwütigen Wildtier dort nie ausgeschlossen werden kann. Außerdem ist die Vorlage des Impfausweises mit einer gültigen Tollwut-Schutzimpfung Voraussetzung für die Teilnahme an vielen Veranstaltungen und für Grenzüberquerungen mit Ihrem Hund. Einmal im Jahr wird die Impfung wiederholt. Auch die Wiederholungsimpfungen müssen im Impfpaß vermerkt werden, damit gege-

Wußten Sie schon?

Die Ohren verschiedener Hunderassen können große Unterschiede aufweisen. Stehohren haben eine bessere Luftzirkulation und sind deswegen gesünder als Hängeohren. Sie sollten nicht tief im Gehörgang Ihres Hundes herumstochern. Entfernen Sie Absonderungen in der äußeren Ohrmuschel mit einem weichen Wattebausch.

benenfalls die Impfung und ihr Datum nachgewiesen werden können. Der Impfpaß ist so etwas ähnliches wie der Personalausweis des Hundes, er braucht ihn bei vielen Gelegenheiten. Sie müssen ihn deshalb sehr sorgfältig aufbewahren.

Achten Sie drauf!
Impfungen schlagen nicht immer an. Manchmal reagieren Hunde allergisch auf den Impfstoff oder es werden ganz einfach keine Antikörper aufgebaut. Nach einer Impfung sollten Sie mit Ihrem Hund noch etwa eine halbe Stunde beim Tierarzt bleiben um eine eventuelle allergische Reaktion sofort behandeln zu lassen.

Fünf bis zwölf Monate

Wird Ihr Welpe fünf Monate alt ist sein komplettes Impfprogramm längst abgeschlossen. Mit fünf Monaten sollte Ihr Welpe nochmals entwurmt werden. Viele Leute geben vor dem Entwurmen eine Kotprobe beim Tierarzt ab, die aus mehreren Kothaufen Ihres Welpen zusammengemischt sein sollte. Wurmmittel vergiften Würmer, daraus ergibt sich die logische Folge,

Krankheit	Art	Ursache	Symptome
Leptospirose	schwere Krankheit, die die inneren Organe angreift; kann auf Menschen übertragen werden	Bakterien, die häufig von Nagetieren verbreitet werden, sich durch die Schleimhäute im Körper verbreiten	Fieber, Erbrechen und Appetitverlust, in weniger schweren Fällen; bis zu Schock, unheilbarem Nierenversagen und möglicherweise Tod in besonders schweren Fällen
Tollwut	potentiell tödliches Virus, das für warmblütige Säugetiere infektiös ist. Kommt in England nicht vor	eine Bakterie, die oft von Nagetieren übertragen wird, ebenfalls durch die Schleimhäute eindringt und sich schnell im ganzen Körper verteilt	1. Stadium Verhaltensänderung, Angst 2. Stadium gesteigerte Aggressivität 3. Stadium Koordinationsverlust und Verlust der Kontrolle über die Körperfunktionen
Parvovirose	hochansteckendes Virus, potentiell tödlich	Aufnahme des Virus, das vor allem durch den Kot infizierter Hunde verbreitet wird	im Allgemeinen schwere Durchfälle, Erbrechen, Müdigkeit, Appetitlosigkeit
Virushusten (Zwingerhusten)	ansteckende Atemwegsinfektion	Kombination von Bakterien und Viren. Häufig kommen Bordetella bronchiseptica und das Parainfluenza virus vor	chronischer Husten
Staupe	Krankheit, die hauptsächlich das Atemwegs und Nervensystem angreift	ein Virus, das mit dem menschlichen Masernvirus verwandt ist	leichte Symptome wie Fieber, Appetitlosigkeit und Schleimausscheidung steigen sich bis hin zu Ausfällen des Gehirns. „Hard Pad" ist ebenfalls ein durch Staupe ausgelöstes Krankheitsbild
Hepatitis	ein Virus, der hauptsächlich die Leber angreift	ein Caninus adenovirus Typ 1 (CAV !). Wird durch Einatmen aufgenommen	schwächere Symptome wie Durchfall und Erbrechen, schwerere Symptome sind beispielsweise Virusklumpen in den Augen
Coronavirus	ein Virus, das Verdauungprobleme hervorruft	Virus wird durch den Kot infizierter Hunde verbreitet.	Appetitverlust, Erbrechen und Durchfall.

daß sie auch für die Welpen nicht eben gesund sein können. Es ist daher sinnvoll, genau festzustellen, von welchen Würmern Ihr Hund eventuell befallen ist, um gezielt dagegen vorgehen zu können.

Wenn Ihr Havaneser sieben oder acht Monate alt ist, kann er ernsthaft auf seine Annäherung an den Standard geprüft werden. Auf diese Art wird seine Eignung als Zuchthund wie auch seine Ausstellungschance abgeschätzt. In Amerika ist es üblich, einen Hund, der nicht unbedingt für die Zucht geeignet ist, in diesem Alter kastrieren zu lassen. Von dieser Praktik ist jedoch abzuraten, da die psychische Entwicklung des Hundes zu diesem Zeitpunkt noch keineswegs abgeschlossen ist. Sie wollen doch nicht Ihr Leben mit einem ewig kindischen Hund verbringen! Die Kastration aus anderen als medizinischen Gründen verbietet außerdem das 1998 überarbeitete Tierschutzgesetz.

In diesem Alter werden auch die Blutuntersuchungen zur Festellung eines etwaigen Herzwurmbefalls duchgeführt. Bis vor einiger Zeit hieß es, daß Herzwurmbefall in Deutschland nicht vorkäme, dies scheint sich jedoch durch die immer häufigeren Importe von ausländischen Hunden, sei es als Zuchttiere oder seien es Tierschutztiere aus südlichen Ländern, in der letzten Zeit geändert zu haben.

Wußten Sie schon?

Ihr Tierarzt wird wahrscheinlich empfehlen, daß Ihr Welpe durchgeimpft sein muß, bevor Sie ihn mit in die Öffentlichkeit nehmen. Ansteckende Krankheiten, Parasiteneier und unerwartete Besuche von anderen Hunden können sonst gefährlich für die Gesundheit Ihres Welpen werden.

Hunde über ein Jahr

Suchen Sie Ihren Tierarzt mindestens einmal im Jahr auf. Vor der jährlichen Nachimpfung sollte Ihr Hund entwurmt und untersucht werden, denn nur ein gesunder Hund kann Impfschutz ausbilden. Es gibt keine Krankheit, die einfach „das Alter" heißt, aber die Körperfunktionen verändern sich im Laufe der Zeit und Augen und Ohren funktionieren nicht mehr so gut. Das Gleiche gilt für die Arbeit der inneren Organe Leber, Nieren und Därme. Rechtzeitiger Futterwechsel, den Ihnen Ihr Tierarzt empfehlen wird, kann das Leben wesentlich angenehmer machen für Ihren alternden Havaneser und für Sie.

Autoimmunerkrankungen

Autoimmune Hauterkrankungen werden gewöhnlich so erklärt: jemand ist allergisch gegen sich selbst. Gewöhnlich definiert sich eine Allergie jedoch als endzündliche Reaktion auf einen äußeren Reiz. Autoimmunerkrankungen verursachen ernsthaften Schaden an den Geweben, die beteiligt sind. Die bekannteste Autoimmun-Krankheit ist Lupus. Er befällt sowohl Menschen als auch Hunde. Die Symptome sind sehr unterschiedlich und können Leber, Knochen, Blut und Haut befallen. Er kann für Menschen und Tiere tödlich sein, ist jedoch nicht zwischen Tieren und Menschen übertragbar. Normalerweise wird Lupus mit Cortison, Prednisolon oder ähnlichen Corticosteroiden behandelt. Längerer Gebrauch dieser Medikamente kann jedoch gefährliche Nebenwirkungen zeigen.

Heuschnupfen
Eine weitere Allergie ist die Pollenallergie. Menschen haben Fieber, Heuschnupfen und andere Krankheitsanzeichen, unter denen sie hauptsächlich während der Pollenflugzeiten leiden. Viele Hunde zeigen ein ähnliches Krankheitsbild. Es kann also möglich sein, daß Ihr Hund bei starkem Pollenflug eine Allergie bekommt. Erwarten Sie nicht, daß er nießt und daß seine Nase läuft wie beim Menschen. Hunde reagieren bei einer Pollenallergie so, wie sie auch auf Flohbisse reagieren, sie kratzen und beißen sich selbst. Bei Hunden wie bei Menschen kann ein Allergietest gemacht werden. Sprechen Sie hierüber mit Ihrem Tierarzt.

Futterallergien
Hunde sind allergisch gegen viele Futtersorten die häufig verkauft und von Züchtern und Tierärzten hochgelobt werden. Oft hilft es, wenn Sie die Futtersorte wechseln. Manchmal jedoch ändert der Wechsel nichts an dem Problem, weil der Bestandteil des Futters, gegen den Ihr Hund allergisch ist, auch in der neuen Futtersorte enthalten ist.
Es ist schwierig, eine Futterallergie zu erkennen. Menschen erbrechen oder haben Magenkrämpfe wenn sie etwas essen, was sie nicht vertragen. Hunde erbrechen gewöhnlich nicht und zeigen meistens auch keine Magenkrämpfe. Statt dessen kratzen und beißen sie sich, wodurch die Diagnose extrem schwierig ist. Ein Anhaltspunkt ist, daß Pollenallergien und Flohbisse sich gewöhnlich auf bestimmte Jahreszeiten beschränken, wohingegen Futterallergien das ganze Jahr über ein Problem darstellen.

Wußten Sie schon?
Es besteht eine 4:1 Möglichkeit, daß Ihr Welpe die Genkombination der rezessiven Acrodermatitis geerbt hat.

AA	=	normal gesund
aa	=	Krankheitsbefall
Aa	=	rezessiv, normale Anzeichen

Die Hündin hat das Gen Aa und der Rüde ebenfalls das Gen Aa. Dies birgt die Möglichkeit von 1:4, daß der Welpe die fatale Genkombination aa geerbt hat.

Rüde ♂ \ Hündin ♀	A	a
A	AA	Aa
a	Aa	aa

Behandlung von Ernährungsproblemen

Es ist schwierig, Futterallergien und Futterunverträglichkeit selbst zu behandeln.

Setzen Sie Ihren Hund auf eine Diät, die er noch nie zuvor bekam. Wenn er es niemals vorher probiert hat kann er gegen das neue Futter auch nicht allergisch sein. Beginnen Sie mit einem einzigen Inhaltsstoff, der in der augenblicklichen Diät des Hundes nicht enthalten ist. Inhaltsstoffe wie gehacktes Fleisch oder Fisch kommen häufig in Hundefutter vor, also versuchen Sie etwas Exotischeres, wie Straußenfleisch, Kaninchen, Fasan oder auch nur Gemüse, oder Kartoffeln. Halten Sie den Hund für einen Monat ohne jegliche Zusätze auf dieser Diät. Wenn die Symptome der Futterallergie oder Unverträglichkeit verschwinden, haben Sie wahrscheinlich die Ursache herausgefunden.

Denken Sie nicht, daß dieser eine Inhaltsstoff das Problem löst. Sie müssen immer noch eine akzeptable Ernährung für Ihren Hund zusammenstellen. Dies bedeutet, daß Sie dem Futter nach und nach verschiedene Stoffe hinzufügen. Einen nach dem Anderen, bis Sie eine passende Ernährung für ihn zusammengestellt haben.

Wenn Sie neue Zusätze ausprobieren, geben Sie die modifizierte Ernährung mindestens einen Monat bevor Sie den nächsten Stoff hinzufügen.

Eine Alternativmethode ist, die Zusammensetzung des Hundefutters, auf das Ihr Hund allergisch reagiert, genau zu untersuchen. Stellen Sie fest, welchen Hauptinhaltsstoff dieses Futter hat und eliminieren Sie diesen Inhaltsstoff, indem Sie eine andere Futtersorte kaufen, welche ihn nicht enthält. Setzen Sie dieses Ausprobieren fort, bis die Symptome verschwinden nachdem Sie vier Wochen lang das neue Futter gegeben haben.

Wußten Sie schon?

Die Annahme, daß Hunde extra Fett für Ihre Ernährung brauchen, kann schädlich sein. Wenn Ihr Tierarzt zusätzliches Fett verordnet verwenden Sie zum Beispiel Distelöl, anstelle von tierischen Fetten. Distelöl ruft seltener Allergien hervor.

Hautprobleme beim Havaneser

Wegen Hautproblemen wird der Tierarzt häufiger aufgesucht, als wegen irgend einer anderen Gruppe von Erkrankungen. Hundehaut ist fast so empfindlich wie Menschenhaut und leidet oft unter den gleichen Erscheinungen (obwohl das Auftreten von Akne bei Hunden verhältnismäßig selten ist). Aus diesem Grunde ist die Behandlung von Hautkrankheiten ein Spezialgebiet, für das sich viele Tierärzte qualifiziert haben.

Weil viele Hautprobleme sichtbare Symptome zeigen die beinahe identisch sind, braucht der Tierarzt viel Erfahrung, um die einzelnen Krankheitsbilder voneinander zu unterscheiden, damit er sie behandeln kann. Einfach gesagt: Wenn Ihr Hund eine Hautkrankheit hat, su-

Achten Sie drauf!
Die richtige Ernährung Ihres Hundes ist sehr wichtig. Eine unausgewogene Fütterung kann die Gesundheit, das Verhalten und das Nervensystem Ihres Hundes angreifen und möglicherweise aus einem normal veranlagten Hund einen aggressiven Hund machen.

chen Sie schnellstens professionelle Hilfe. Wie bei allen Krankheiten, ist der Heilungsverlauf umso erfolgreicher.

Ererbte Hautprobleme

Viele Hauterkrankungen sind erblich und einige sehr gefährlich. Acrodermatitis ist eine Erbkrankheit, die von beiden Eltern weitergegeben wird. Die Eltern, die äußerlich normal erscheinen, haben ein rezessives Gen für Acrodermatitis. Das bedeutet, daß sie die Krankheit tragen, aber selbst nicht von ihr befallen sind.

Acrodermatitis ist nur ein Beispiel, wie schwierig die Diagnose und Behandlung mancher Hautkrankheiten bei Hunden ist. Die Träger genetisch rezessiver Erkrankungen können mit den heute vorhandenen Untersuchungsmethoden noch nicht zweifelsfrei ermittelt werden, was dazu führt, daß nach wie vor Havaneser-Welpen an Acrodermatitis sterben, bevor sie zwei Jahre alt sind.

Andere vererbte Hautprobelme sind gewöhnlich nicht so schwerwiegend wie Acrodermatitis. Alle Erbkrankheiten müssen von einem Spezialisten diagnostiziert und behandelt werden. Es gibt Programme, die von mehreren pharmazeitisch-technischen Labors ins Leben gerufen wurden, um die meisten, häufig vorkommenden Hautprobleme bei Hunden, in den Griff zu bekommen.

Genetische Erkrankungen des Havanesers

Dank der Fortschritte in Wissenschaft und Technik ist es heute möglich, eine Reihe von Krankheiten genetischen Ursprungs beim Hund festzustellen. Dies bedeutet eine hohe Verantwortung für den Züchter, der darauf achten muß, jede erbliche Erkrankung in seiner Zuchtlinie zu bekämpfen. Fast jede Hunderasse leidet unter einer oder mehreren Erbkrankheiten. Fragen Sie den Züchter, von dem Sie Ihren Hund kaufen, nach den Untersuchungsbögen der Eltern und Großeltern Ihres Welpen da Sie sonst Gefahr laufen, einen Hund zu erwerben, der Ihnen Kopfschmerzen verursacht anstatt Freude zu bringen.

Es ist ebenfalls ratsam, den neu erworbenen Welpen einem Tierarzt zur gründlichen Untersuchung vorzustellen. Beim Vorhandensein von Defekten können Sie sich entscheiden, ob Sie den Hund behalten oder dem Züchter zurückgeben. Ein Hund mit genetischen Defekten oder Erkrankungen sollte natürlich niemals in der Zucht eingesetzt werden.

Genetische Erkrankungen beim Havaneser sind vor allen Dingen Katarakt und PRA (Progressive Retina Atrophie), die gewöhnlich Blindheit beim befallenen Tier hervorrufen. Sie sind in den Vereinigten Staaten und einigen europäischen Ländern beim Havaneser aufgetreten.

Diese Krankheit ist sehr schwer festzustellen. Die einzige Möglichkeit PRA zu entdecken, ist eine besondere Augenuntersuchung, in regelmäßigen Abständen auch ohne daß der Hund Symptome wie vergrößerte Pupillen, eingeschränkte Sicht oder sogar Blindheit zeigt. Sie tritt häufig erst im Erwachsenenalter auf und die Diagnose wird oft zu spät gestellt und der befallene Hund hat bereits Nachkommen. Dennoch ist es in den Vereinigten Staaten und auch in Deutschland lebenswichtig, den gesamten Wurf frühzeitig zu untersuchen und dann jeden Hund alle zwei Jahre einem Tierarzt vorzustellen. Nur so kann man sichergehen, daß das Problem nicht auftritt.

Eine weitere Komplikation der PRA ist der Fakt, daß es sich um eine rezessive Erkrankung handelt, so daß der Hund Träger sein kann ohne selbst die Krankheit zu haben. Wenn ein Träger mit einem gesunden Tier verpaart wird werden die Nachkommen gesund sein, jedoch 50 % sind wieder Träger. Wenn zwei anscheinend gesunde Träger miteinander verpaart werden ist die Lage noch komplizierter weil 50 % der Welpen Träger sind und 25 % die Krankheit ausbilden. Im schlimmsten Fall, in der Verpaarung eines gesunden mit einem erkrankten Hund, ergeben sich 100 % Träger in den Nachkommen, obwohl alle gesund erscheinen. Diese Zahlen hören sich zwar schematisch an, aber Sie bekommen hierdurch eine Vorstellung davon, wie wichtig es ist, gegenüber diesem Problem aufmerksam zu sein. Wenn das rezessive Gen für PRA eine Zuchtlinie befallen hat, wird es von Generation zu Generation weitergegeben bis ein weiteres rezessives PRA-Gen hinzukommt. Nur dann wird die Krankheit auftreten und so beweisen, daß die Zuchtlinie tatsächlich befallen war.

Äußere Parasiten

Von allen Problemen, mit denen Hunde zu tun haben, ist keines bekannter und frustrierender als Flöhe. Flöhe, und dies gilt auch für Zecken und Milben, sind verhältnismäßig einfach zu behandeln, jedoch sehr schwierig zu vermeiden. Das Gegenteil gilt für die Parasiten, die innerhalb des Körpers leben. Sie sind etwas schwieriger zu behandeln aber man kann eine Infektion leichter verhüten.

Flöhe

Um einen Flohbefall zu vermeiden, müssen Sie den Lebenszyklus eines Flohs kennen, um ihn unterbrechen zu können. Flöhe bilden hauptsächlich während der Sommerzeit ein Problem und ihre effektive Behandlung (Vernichtung) ist aufwendig. Das Problem ist, daß es nicht ein einziges Insektizid gibt, das an allen Stellen, die von Flöhen befallen werden, angewandt werden kann. Um Flöhe behandeln zu können müssen Sie die notwendige Medikation an der schwächsten Stelle des Lebenszyklusses der Flöhe beginnen.

Boden. Diese Eier bilden das Reservoir zukünftiger Flohpopulationen. Wenn Ihr Hund sich kratzt und so einige Flöhe ihres Wohnortes beraubt, fallen diese einfach herunter und warten auf die nächste Chance, einen Hund oder sogar einen Menschen anzufallen. Ja, Hundeflöhe beißen Menschen. Dies

Eine vergrößerte elektronenmikroskopische Aufnahme des Hundeflohs* Ctenocephalides canis. *S.E.M. von Dr. Dennis Kunkel, Universität Hawaii

Der Lebenszyklus eines Flohs

Flöhe kommen in vier Entwicklungsstadien vor: Eier, Larven, Puppen und Erwachsene. Sie brauchen ein Mikroskop oder eine Lupe um Floheier, Larven oder Puppen sehen zu können. Diese verbringen ihr ganzes Leben auf Ihrem Havaneser wenn Sie nicht gewaltsam durch Bürsten, Baden, Kratzen oder Beißen entfernt werden.

Einige Unterarten befallen sowohl Hunde als auch Katzen. Der wissenschaftliche Name für den Hundefloh ist *Ctenocephalides canis,* der wissenschaftliche Name für den Katzenfloh ist *Ctenocephalides felis.* Katzenflöhe kommen recht häufig bei Hunden vor.

Flöhe legen ihre Eier während sie auf Ihrem Hund leben. Diese Eier haften nicht an den Haaren Ihres Hundes und fallen, sobald sie getrocknet sind (direkt nach der Eiablage sind sie leicht feucht) zu

Wußten Sie schon?

Flohsprays sind giftig. Sie sollten diese Chemikalien nicht an Körperstellen anwenden, die der Hund belecken kann sowie in seinem Gesicht und an seinen Genitalien. Flohmittel zum Eingeben sind hier besser geeignet. Sie sollten sich von Ihrem Tierarzt beraten lassen, ob diese Möglichkeit für Ihren Hund geeignet ist.

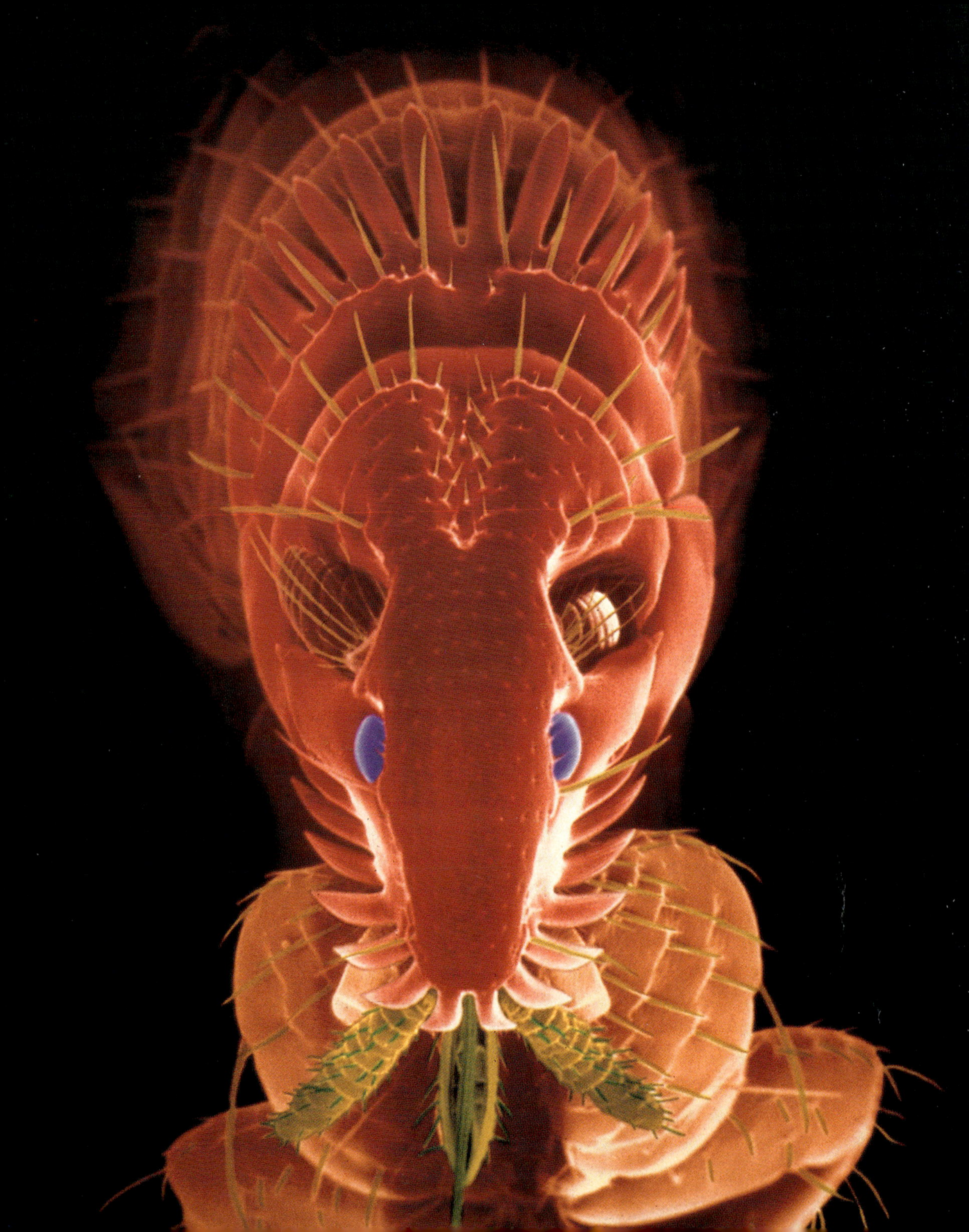

ist mit ein Grund, warum es so wichtig ist, die Flöhe sowohl auf dem Hund als auch in seiner Umgebung zu vernichten. Zu diesem Zweck müssen Sie Hund und Umgebung gleichzeitig behandeln.

Umgebungsbehandlung

Sauberkeit ist das oberste Gebot. Wenn Sie gleichzeitig mit Ihrem Hund eine Katze besitzen wird die Sache schwieriger, da die meisten Hundeflöhe eigentlich Katzenflöhe sind. Da Katzen sich jedoch an vielen Stellen aufhalten die ein Hund niemals erreichen könnte (wie Fensterbänke, Regalfächer und Schrankschubladen etc.) müssen Sie diese Stellen ebenfalls alle putzen. Glatte Böden (Fliesen, Holz, Naturstein und PVC) müssen Sie mehrmals am Tage wischen. Hundefutterreste auf dem Boden bilden gleichzeitig Futter für Flohlarven! Alle Polster und Möbel müssen mehrmals täglich mit dem Staubsauger behandelt werden. Vergessen Sie nicht, unter den Möbeln, hinter den Sofakissen und an den Vorhängen ebenfalls Staub zu saugen. Eine Untersuchung belegt, daß ein staubsaugerdurchgang nur 20 % der Larven und 50 % der Eier entfernt. Die Staubsaugebeutel sollten in einem verschlossenen Plastiksack fortgeworfen werden. Der Staubsauger selbst muß gereinigt werden. Der Garten, zu dem Ihr Hund Zugang hat, muß ebenfalls mit einem Insektizid behandelt werden. Ihr Tierarzt wird Ihnen Umgebungssprays verkaufen. Achten Sie jedoch darauf, die Anwendungsvorschriften streng zu befolgen.

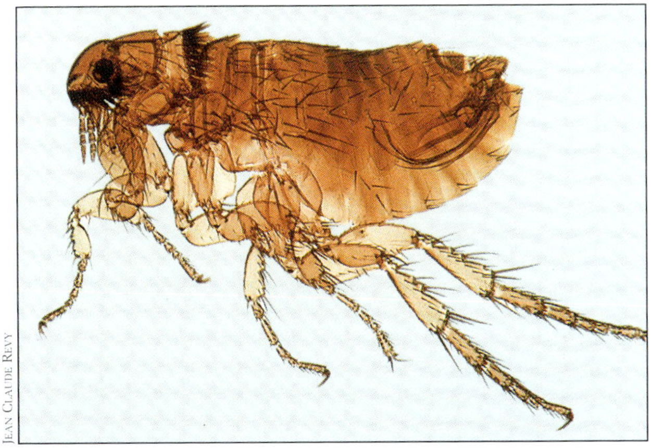

JEAN CLAUDE REVY

Eine vergrößerte elektronenmikroskopische Aufnahme eines Hundeflohs Ctenocephalides canis.

Wußten Sie schon?

Es gibt viele Insektizide, die in der Umgebung des Havanesers und an seinem Körper angewandt werden können, um Flöhe zu bekämpfen

- natürliche pyretrumhaltige Mittel können im Haus verwendet werden
- Flohhalsbänder bilden durch die Gase, die sie über einen längeren Zeitraum ständig abgeben, einen Schutz vor erneutem Flohbefall. Vorsicht, bei manchen Hunden verursachen Flohhalsbänder Kontaktallergien
- es gibt Mittel, die auf die Haut aufgetragen werden, ins Blut übergehen und auf diese Art das Blut für den Floh ungenießbar machen
- für die Behandlung von Körbchen, Sofas, Teppichen, Fußbodenritzen und sonstigem gibt es spezielle Umgebungssprays.

Zwar gibt es mehrere Mittel, die die Flöhe auf dem Hund selbst vernichten, wie zum Beispiel das Wundermittel FRONTLINE. Es ist jedoch trotzdem ratsam, die Behandlung mit Ihrem Tierarzt abzusprechen. Er wird Ihnen erklären, wie zum Beispiel FRONTLINE auf das Fell und die Haut des Hundes aufgetragen und einmassiert wird. Da es sich hier um ein äußerst wirksames Insektizid handelt befolgen Sie bitte genau die Anweisungen auf der Flasche. Tragen Sie Handschuhe und führen Sie die Behandlung möglichst im Freien durch. FRONTLINE wirkt bis zu sechs Wochen lang, so daß auch Flöhe aus der Umgebung, die inzwischen erwachsen geworden sind und Ihren Hund befallen, von dem Mittel erfaßt werden. FRONTLINE ist nur beim Tierarzt erhältlich.

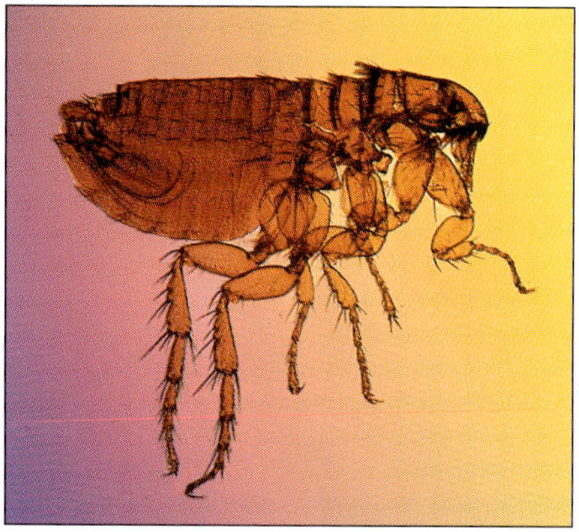

Männlicher Katzenfloh **Ctenocephalides felis**, *der auch beim Hund vorkommt.*

Jean Claude Revy

Neben der Reinigung Ihres Hauses mit Staubsauger und Wischmop gibt es bei sehr starkem Flohbefall die Möglichkeit, die Umgebung mit einem hochwirksamen Insektizid, das auch auf die verschiedenen Entwicklungstadien der Flöhe wirkt, zu behandeln. Diese Sprays müssen ebenfalls genau nach Vorschrift angewandt werden, da sich Ihre Wirkung zum Beispiel auch auf Ziervögel und Aquarienfische erstreckt.

Zecken

Obwohl sie nicht so häufig wie Flöhe auftreten findet man Zecken doch überall auf der Welt. Sie beißen nicht wie Flöhe sondern sie „harpunieren“. Sie graben ihre scharfe Proboscis (Nase) in die Haut des Hundes und saugen das Blut. Blut ist die einzige Nahrung, die sie brauchen. Sie können Leishmaniose, Babesiose, Borreliose, Rocky-

Dwight R. Kuhn's großartiger Schnappschuß eines Flohs, der auf dem Rücken eines Hundes springt.

Dwight R. Kuhn

Der Lebenszyklus eines Flohs

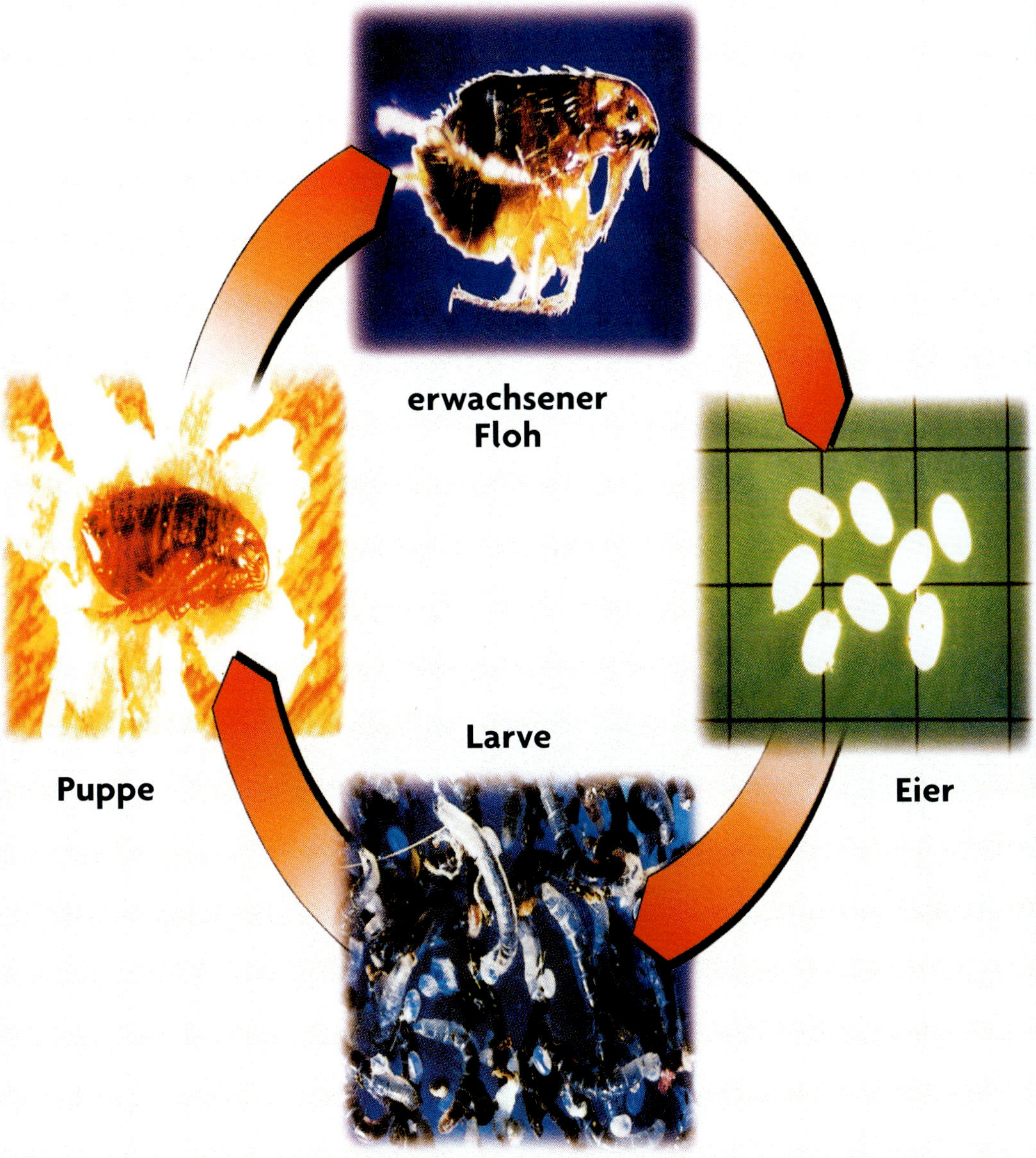

Mountain-Fleckfieber (welches normalerweise nur in den USA auftritt) und viele andere Krankheiten auf Hunde übertragen.
Die Hundezecke *Dermacentor variabilis* ist wohl die Art, die am häufigsten in vielen geografischen Gebieten vorkommt; außer in jenen Ländern, in denen das Klima besonders heiß und feucht ist.
Die meisten Hundezecken haben eine Lebenserwartung zwischen einer Woche und sechs Monaten, abhängig von den klimatischen Bedingungen. Sie können weder springen noch fliegen, aber sie können langsam krabbeln und legen bis zu fünf Meter zurück um einen schlafenden, nichts ahnenden Hund zu erreichen.

Eier des Hundeflohs.

Wußten Sie schon?
Ein anderer Parasit, der bei Hunden jedoch nicht allzu häufig vorkommt, ist das einzellige Lebewesen Kokzidien. Kokzidien zeigen bei älteren Hunden meistens keine krankhaften Erscheinungen. Bei starkem Befall oder jungen Hunden, besonders Welpen oder geschwächten Hunden, läßt sich zunächst leichter Durchfall feststellen, der sich ohne Behandlung verstärkt, blutig werden kann, zur Abmagerung, Austrocknung und Blutarmut führt. Hier ist wieder zu bemerken, daß bei einem verantwortvollen Züchter, korrekt aufgezogene Welpen, wahrscheinlich keine Infektion mit diesen Einzellern zeigen. Der Befall mit Kokzidien setzt die Infektionsabwehr des Welpen herab. Dadurch kann gleichzeitig eine Bronchitis und Bronchopneumonie entstehen. Dies kommt häufig in den Fällen vor, in denen noch zusätzlicher Befall mit anderen Endoparasiten besteht. Die befallenen und erkrankten Hunde sprechen sehr verschieden auf gleiche therapeutische Maßnahmen an. Es gibt Fälle, bei denen Hunde in einigen Tagen gesund sind und bei denen man nie mehr Kokzidien nachweisen kann, andere benötigen Wochen und Monate.

Räude und Milben

Milben verursachen eine Hauterkrankung die Räude genannt wird. Manche Arten sind ansteckend, wie zum Beispiel Cheyletiella Ohrmilben und Sarkoptes Milben.
Die nicht ansteckende Milbenart ist Demodex. Die häufigste Infektion durch Milben ist der Ohrmilbenbefall. Zur Behandlung von Ohrmilben stehen dem Tierarzt verschiedene Mittel zu Verfügung.

Es ist wichtig, daß Ihr Hund bei Milbenbefall so schnell wie möglich behandelt wird, da einige Milbenarten auch den Menschen befallen können.

Interne Parasiten

Die meisten Tierarten, Fische, Vögel und Säugetiere, Mensch und Hund eingeschlossen, können von Würmern und anderen Parasiten, die in ihremKörper leben, befallen werden. Nach der Theorie des Dr.

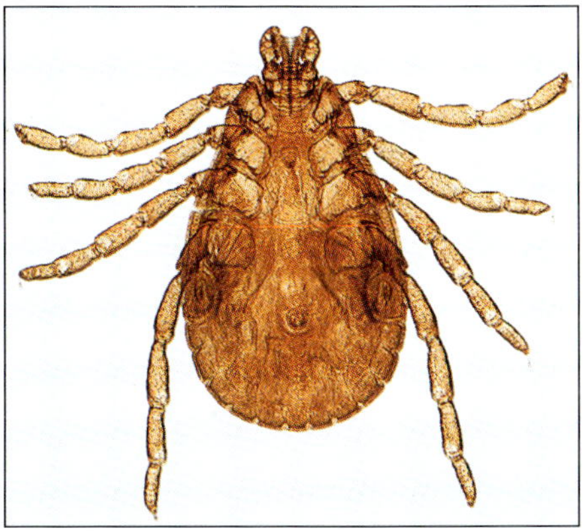

Herbert R. Axelrod, der ein bekannter Fischspezialist ist, gibt es zwei Arten von Parasiten, intelligente und dumme. Die intelligenten Parasiten leben friedlich mit ihrem Wirtsorganismus zusammen (Symbiose) während die dummen Parasiten ihren Gastgeber umbringen. Die meisten Wurminfektionen sind verhältnismäßig einfach zu behandeln. Wenn sie nicht behandelt werden schwächen sie möglicherweise den Wirtsorganismus bis zu einem Punkt, an dem andere gesundheitliche Probleme auftreten,

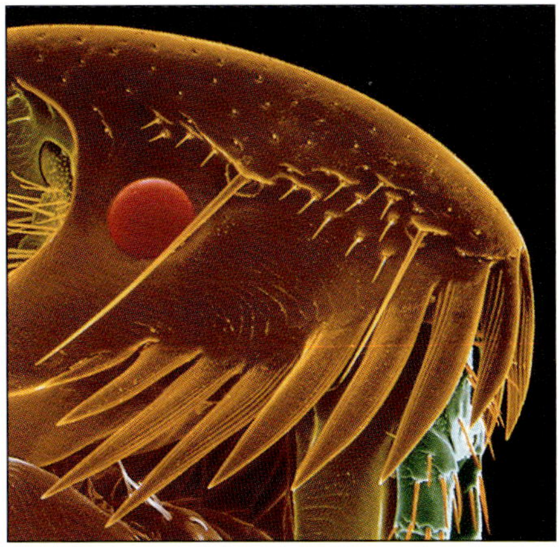

Vergrößerter Kopf eines Hundflohs **Ctenocephalides canis.**

Eine braune Hundezecke, **Rhipicephalus sanguineus,** ***eine selten vorkommende, jedoch gefährliche Zeckenart.***

aber sie sind keine dummen Parasiten.

Interne Parasiten sind zahlreich, es gibt sie rund und flach, in verschiedenen Formen und Größen. Die häufigsten sind: *Toxocara canis, Toxocara leonina, Dipylidium caninum, Trichuris vulpis, Dirofilaria inmitis* (die durch eine

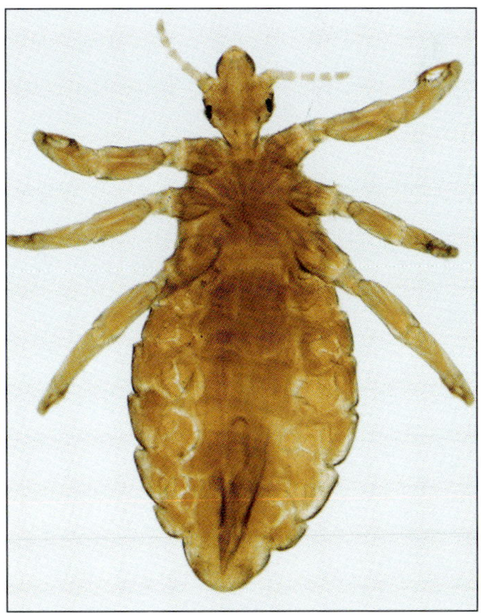

Menschenläuse sehen wie Hundeläuse aus, sie sind nahe verwandt.

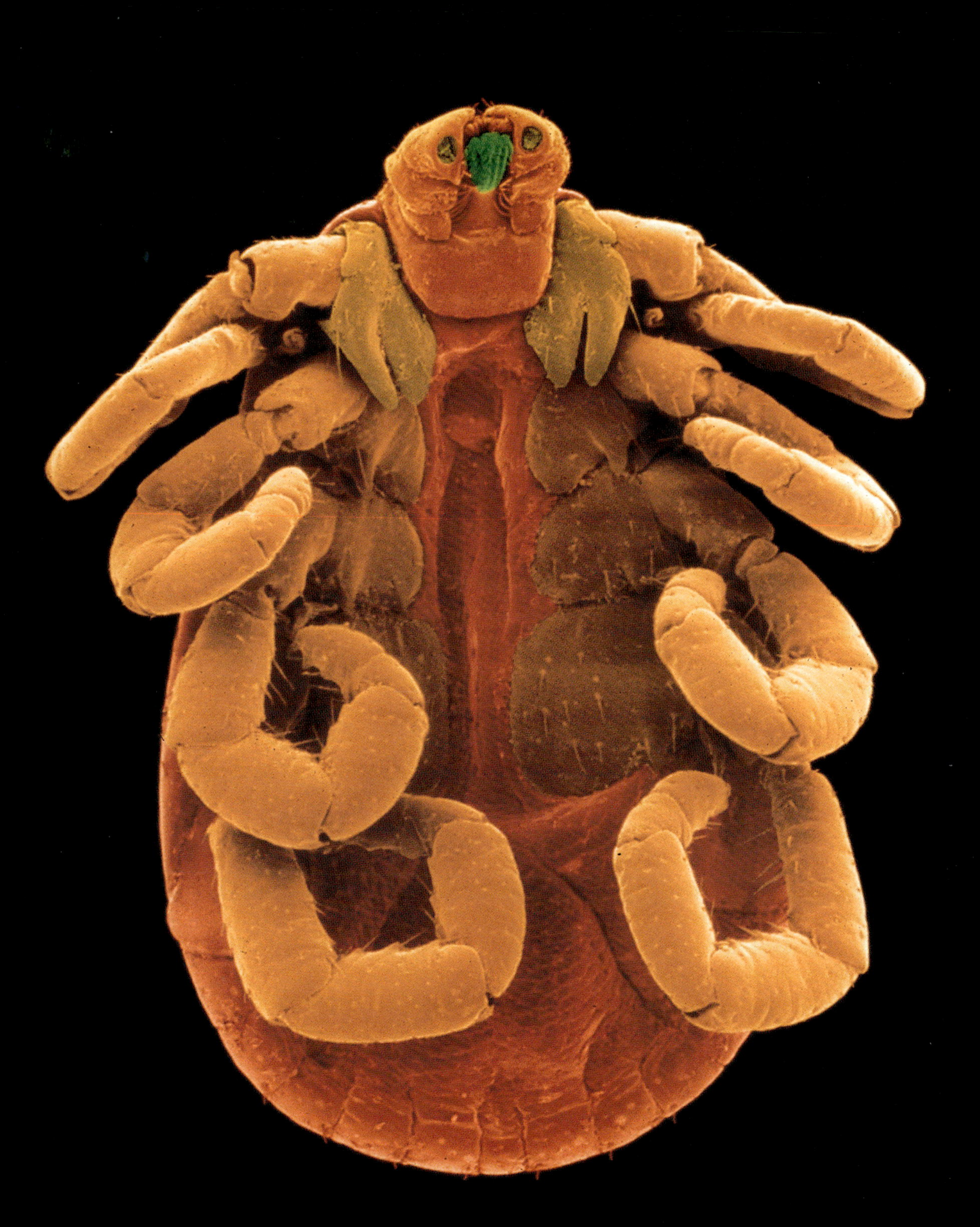

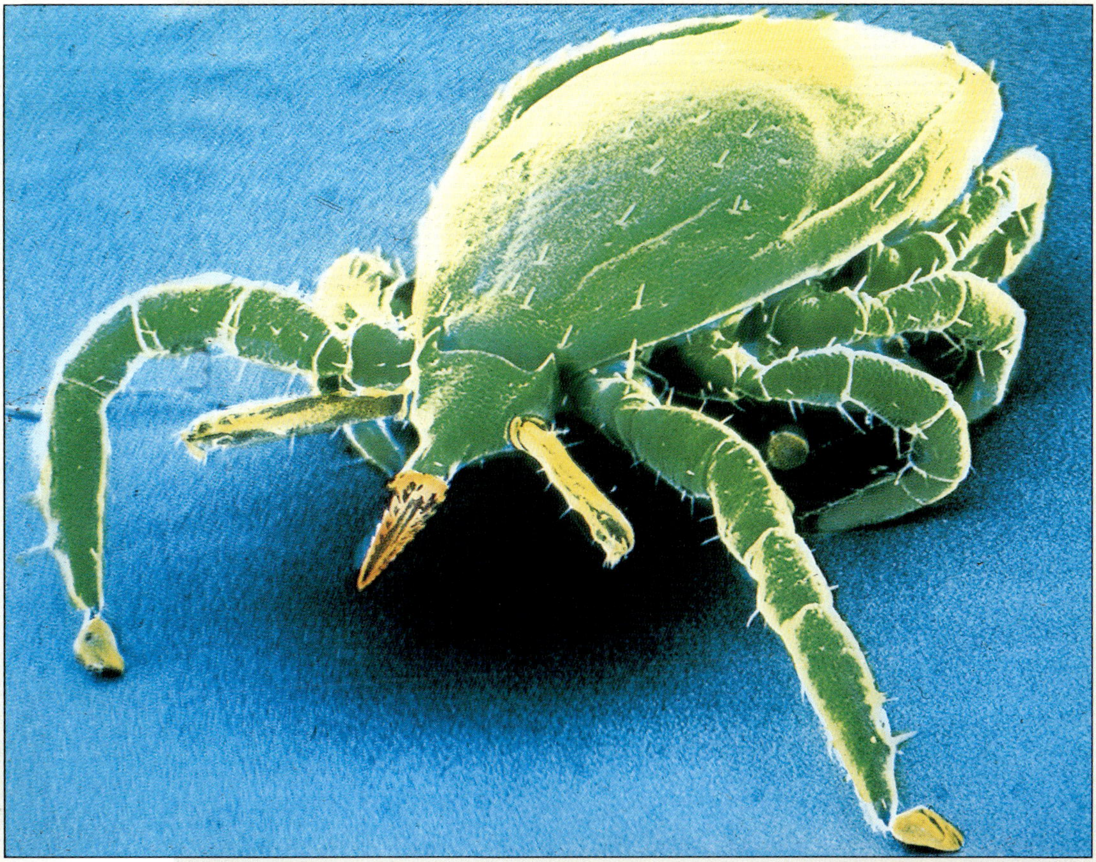

Oben:
Die Rotwildzecke, die Borelliose überträgt

Rechts:
Eine Hundezecke der Art Ixodex.

Gegenüberliegende Seite:
Die Hundezecke Dermacentor variabilis *kommt am häufigsten bei Hunden vor. Beachten Sie die Haltekraft ihrer acht Beine. Kein Wunder, daß sie schwierig zu entfernen ist.*

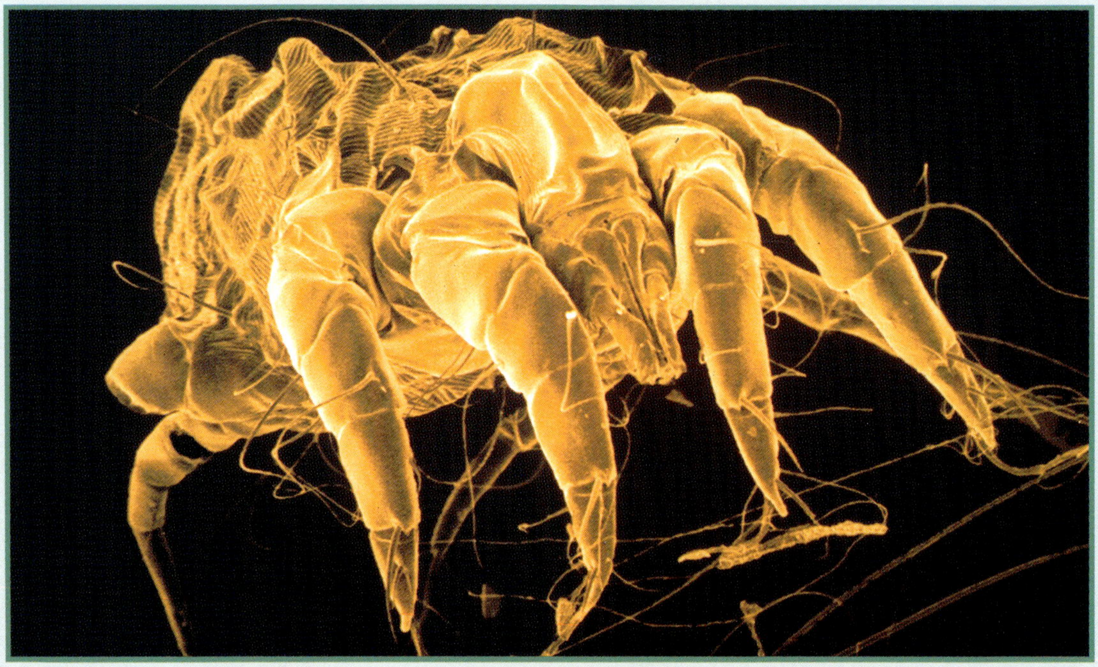

Vergrößerte Aufnahme der Räudemilbe Psoroptes bovis.

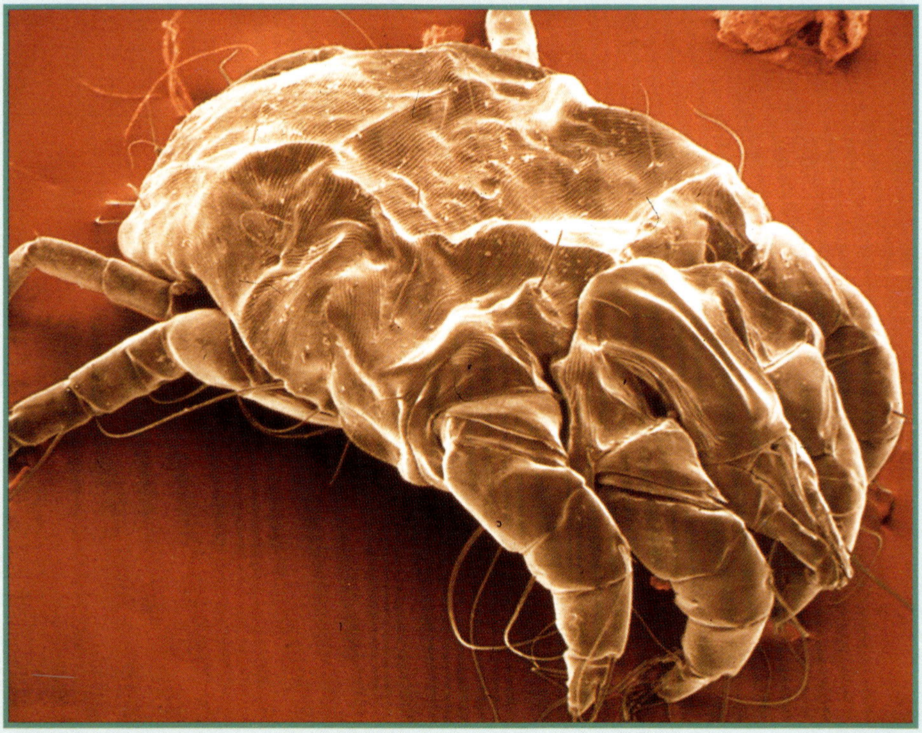

Der Kopf der Hundezecke **Dermacentor variabilis.**

Mücke übertragen wird), Eingeweidewürmer, Bandwürmer und Hakenwürmer. Sie alle verursachen eine Menge Umstände. Manche kann man einfach im Hundekot entdecken andere widerum können nur durch eine Kotuntersuchung im Labor festgestellt werden. Das häufigste Symptom ist Durchfall, aber blutiger oder schleimiger Stuhl sind ebenfalls verdächtig. Manche Parasiten werden von der trächtigen Hündin auf die Welpen übertragen. Aus diesem Grund müssen, wie vorher bereits beschrieben, Welpen einer regelmäßigen Entwurmung unterzogen werden, die auch beim erwachsenen Hund weiterhin regelmäßig durchgeführt werden muß. Wenn der Hund als Einzeltier in einer gesunden Umgebung lebt und selten an Plätze, an denen sich viele Hunde aufhalten, gebracht wird, kann eine jährliche Entwurmung ausreichen. Wenn er jedoch mit anderen Hunden zusammenlebt, häufig Ausstellungen oder Hundeplätze besucht, mit seinem Besitzer verreist oder auf eine andere Art häufig Kontakt mit anderen Hunden oder eventuell verunreinigter Umgebung hat, sollte er häufiger entwurmt werden, bis zu viermal im Jahr. Genaue Anweisungen kann Ihnen auch hierzu Ihr Tierarzt geben. Eine wichtige Maßnahme zur Verhinderung einer Wiederansteckung mit Parasiten ist die Beseitigung des Hundekotes während der Behandlungszeit, so daß der Hund keinen Kontakt mit seinen Ausscheidungen hat.

Rundwürmer
Die Rundwürmer, von denen Hunde befallen werden, bezeichnet man wissenschaftlich als *Toxocara canis.* Sie leben in den Eingeweiden des Hundes. Es ist festgestellt worden, daß ein Havaneser ungefähr 150 g Kot pro Tag ausscheidet. Jedes Gramm Kot enthält durchschnittlich 10 bis 12.000 Rundwurmeier, da diese Würmer konti-

Der Spulwurm kann Hunde und Menschen befallen.

Das mit dem Herzwurm Dirofilaria immitis *befallene Herz eines Hundes.*

Achten Sie drauf!
Das Entwurmen der Welpen ist sehr wichtig, weil bestimmte Würmer, die häufig beim Welpen vorkommen, den Menschen infizieren können, so zum Beispiel Spulwürmer, Hakenwürmer und Bandwürmer.
Da Welpen niemals stubenrein sind, ist die Infektionsgefahr für den Menschen verhältnismäßig groß.
Der Züchter beginnt ab dem 10. Lebenstag mit den Wurmkuren. Die Behandlung wird alle zehn Tage wiederholt, bis der Welpe ungefähr drei Monate alt ist. Der Züchter, bei dem Sie Ihren HavaneserWelpen gekauft haben, sollte Sie über das komplette Entwurmungsschema aufklären.
Ihr Tierarzt kann Sie unterstützen wenn Sie ihm regelmäßig eine Kotprobe Ihres Welpen zur Untersuchung bringen. Bedenken Sie, daß Wurmkuren die Würmer vergiften sollen, Wurmgift kann daher für Welpen sicher nicht gesund sein. Kontrollieren Sie also, ob Ihr Welpe wurmfrei ist, aber führen Sie nicht auf eigene Faust unnötige Wurmkuren durch.

Männlicher und weiblicher Hakenwurm, Ancylostoma caninum, der häufig Hunde befällt die freien Auslauf auf Wiesen haben.

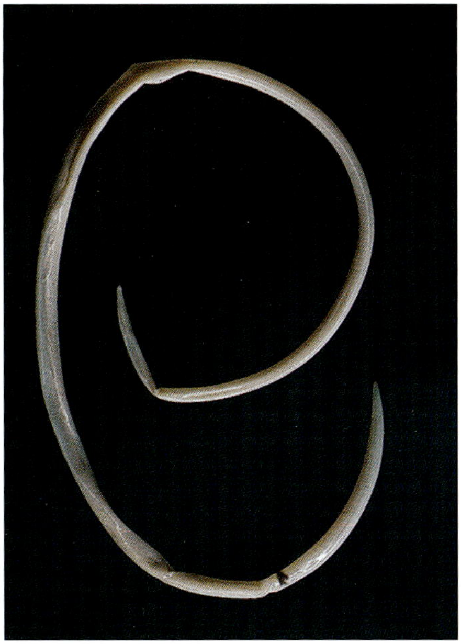

Der Spulwurm Rhabditis.

Infektiöses Stadium einer Hakenwurmlarve.

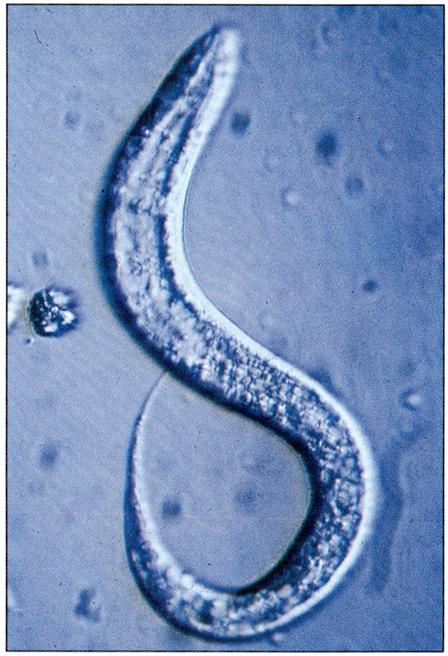

nuierlich Eier ablegen. Es gibt keine Gegenden, in denen sich Hunde aufhalten, die keine Rundwurmeier enthalten. Die größte Gefahr bei Rundwürmern ist, daß sie auf den Menschen übertragbar sind. Aus diesem Grund sollten Sie Ihren Hund regelmäßig auf Rundwurmbefall untersuchen lassen.
Schweine haben ebenfalls Rundwurminfektionen, die auf Hunde und Menschen übertragen werden können. Ein hier häufig vorkommender Rundwurm ist zum Beispiel *Ascaris lumbricoides.*

Hakenwürmer
Der Wurm *Ancylostoma caninum* wird gemeinhin auch als Hundehakenwurm bezeichnet. Er ist ebenfalls gefährlich für Menschen und Katzen. Er hat Zähne, mit denen er sich in den Eingeweiden des Hundes festbeißt. Da er seinen Aufenthaltsort etwa sechs mal am Tag wechselt, verliert der Hund Blut an jeder Bißstelle, wodurch Eisenmangel (Anämie), verursacht werden kann. Er kann ohne größere Schwierigkeiten bekämpft werden. Ihr Tierarzt wird eine Auswahl unter den angebotenen Hakenwurmmitteln treffen und Ihnen ein passendes aushändigen.

Bandwürmer
Es gibt viele Arten von Bandwürmern. Sie werden durch Flöhe übertragen! Der Hund verschluckt den Floh und auf diese Art unterstützt er den Lebenskreislauf des Bandwurms. Menschen können ebenfalls mit Bandwürmern infiziert werden.

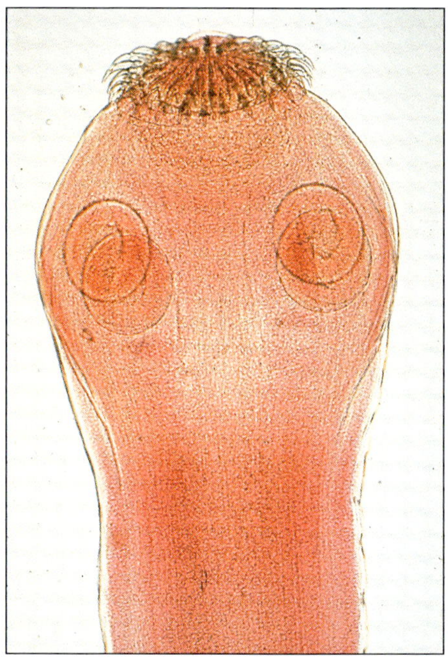

Kopf und Rostellum (die rundliche Erhebung auf der Scolex) eines Bandwurms, der Menschen und Hunde befällt.

Obwohl eine Bandwurminfektion für den Hund nicht lebensbedrohlich ist (intelligenter Parasit!) kann er die Ursache für eine sehr schwere Lebererkrankung des Menschen sein. Diese schwere Erkrankung wird jedoch nur durch *Echinococcus multilocularis* übertragen, den Fuchsbandwurm, der fast nur in Süddeutschland auftritt. Er wird durch infizierten Fuchskot auf Hunde übertragen.
Ebenso leicht kann der Mensch sich jedoch direkt anstecken, zum Beispiel beim pflücken und essen niedrig wachsender Beeren wie Heidelbeeren. Der Fuchsbandwurm verursacht eine Gefäßerweiterung, an der bis zu 50 % der befallenen Menschen sterben.

Herzwürmer
Herzwürmer sind dünne, langgestreckte Würmer, die bis zu 30 cm lang werden. Sie leben im Herzen und den darunterliegenden großen Blutgefäßen des Hundes. Ein Hund von der Größe eines Havanesers kann bis zu 200 dieser Würmer in seinem Herzen enthalten. Krankheitserscheinungen sind Nachlassen der Aktivität, Appetitverlust, Husten, die Entwicklung eines aufgetriebenen Bauches und Blutarmut.
Herzwürmer werden durch Mükken übertragen. Die Mücke saugt Blut bei einem infizierten Hund und nimmt auf diese Weise auch die Herzwurmlarven zu sich. Die Larven, die als Mikrofilarien bezeichnet werden, entwickeln sich im Körper der Mücke und werden an den nächsten Hund, der nach der Ausreifung der Larve gebissen wird, weitergegeben. Es dauert zwei bis drei Wochen bis die Larven sich in der Mücke zum ansteckenden Stadium entwickelt haben. Hunde sollten ab der sechsten Lebenswoche und von da an jedes halbe Jahr gegen Herzwurm behandelt werden. In Deutschland haben Herzwurminfektionen bis vor einigen Jahren keinerlei Bedeutung gehabt. Seitdem aber Rassehunde für Zucht und Ausstellungen aus Amerika importiert werden und Tierschützer von ihren Urlaubsreisen herrenlose Hunde, aus südlichen Ländern, mitbringen kommen Herzwurminfektionen mehr und mehr auch bei uns vor.

Achten Sie drauf!
Menschen, Ratten, Eichhörnchen, Füchse, Wölfe, Hunde alle sind anfällig für Spulwurminfektionen. Außer für Menschen sind Spulwürmer normalerweise keine gefährliche Erkrankung. Infizierte Individuen können bis zu tausend Parasiten beherbergen. Spulwürmer haben zwei Geschlechter weiblich und männlich. Wenn Hunde infizierte Ratten oder Mäuse fressen wird der Spulwurm auf sie übertragen. Ungefähr einen Monat nachdem er die Eingeweide des Hundes befallen hat beginnt der Wurm, Eier auszuscheiden. Sie können einige Monate ohne Wirtstier überleben.

Mit Ihrem Havaneser zur Ausstellung

Vorüberlegungen
Wenn Sie Ihren Havaneser ausstellen wollen müssen Sie zunächst folgende Dinge bedenken:
Ihr Havaneser sollte dazu erzogen sein, gerade an der Leine auf der linken Seite seines Besitzers zu laufen. Er muß auf Kommando anhalten und während der Richter eine körperliche Untersuchung des Hundes vornimmt, die den Fang, die Zähne und beim Rüden auch die Hoden umfaßt, muß er ruhig stehen bleiben. Während der ganzen Zeit muß der Hund in korrektem Stand bleiben: Kopf und Hals hoch, in der gewünschten Position haltend, sowohl in der Bewegung als auch im Stillstand.
Kleine Hunde werden auf einem Tisch vorgestellt. Es ist daher wichtig, daß Sie schon Ihrem Welpen beibringen, sich auf einer erhöhten Oberfläche zu präsentieren. Halten Sie seinen Kopf mit Ihrer linken Hand und seine Rute mit Ihrer rechten Hand aufrecht. Geben Sie ihm ein Kommando wie zum Beispiel „Steh" und versuchen Sie, diese Position für ein paar Sekunden beizubehalten. Nach und nach können Sie die Zeit bis auf ein paar Minuten verlängern. Jedesmal wenn er gehorcht streicheln und loben Sie ihn und versichern Sie ihm, daß dies genau das ist, was Sie von ihm erwarten. So sollte Ihr Hund das Stehen auf dem Tisch nicht als unan-

„Ambar", Multichampion, Besitzerinnen Barbara Monteagudo und Merita Batista und Zoila Portuondo, zeigt seine Schleifen. Welcher Havaneser-Besitzer wäre nicht stolz, wenn sein Hund vom Richter, als der Schönste ausgewählt wird.

Wie bei anderen Toy-Rassen wird der Havaneser auf dem Tisch vorgestellt. Ein Richter in Havana untersucht einen Havaneser auf dem Tisch.

genehm empfinden und es nicht nur von seinen Tierarztbesuchen mit einer Spritze oder der Krallenpflege verbinden (kein Hund liebt die Krallenpflege). Es ist also günstig, auch das tägliche Kämmen auf einem Tisch durchzuführen. Wenn Sie dies nicht ausreichend üben ist es möglich, daß Ihr Hund sich wehrt, wenn Sie versuchen, ihn bei der Ausstellung auf einen Tisch zu stellen.

Damit Ihr Hund sein Gangwerk korrekt zeigt achten Sie darauf, daß sein Halsband hoch am Hals gerade hinter dem Ohr sitzt, damit er seinen Kopf nicht hängen läßt. Wenn Sie ein Kettenhalsband benutzen ist es wichtig, daß die Leine in beide Ringe eingehakt ist. Sonst könnten Sie Ihren Hund würgen wenn er sich dagegen wehren würde. Rundgenähte Lederhalsbänder werden im allgemeinen zum Üben benutzt, auf den Ausstellungen dagegen nimmt man eine Leine, die mit dem Halsband an einem Stück gearbeitet ist. Benutzen Sie zu Hause kein Kettenhalsband da hierdurch das seidige Fell des Havanesers beschädigt werden kann.

Wichtige Adressen

Fédération Cynologique Internationale
B-6530 Thuin, Belgien
www.fci.be

Verband für das Deutsche Hundewesen e.V. (VDH)
Westfalendamm 174
44141 Dortmund
www.vdh.de

Verband Deutscher Kleinhundezüchter e.V.
www.kleinhunde.de

Der Verlag Eugen Ulmer ist nicht verantwortlich für den Inhalt von Links.

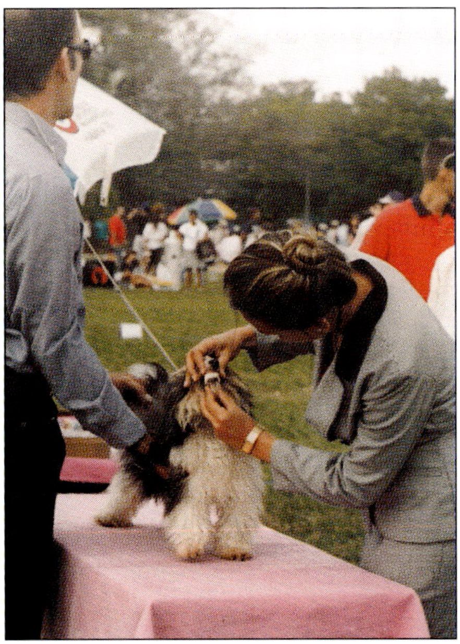

Beim Havaneser kommen drei fehlerhafte Zahnstände vor: Vorbiß, Rückbiß und Aufbiß. Der Richter untersucht das Gebiß des Havanesers um sicherzugehen, daß er das erwünschte Scherengebiß zeigt.

Der Havaneser muß ruhig stehen, während der Richter ihn anschaut. Diese Ausstellung findet in Havana statt.

Die korrekte Art einen Hund vorzustellen ist folgende: halten Sie den Kopf hoch mit Hilfe des Halsbands oder der linken Hand. Die Vorderbeine müssen parallel auf dem Boden oder dem Tisch stehen, gerade gestellt und mit angelegten Ellenbogen. Um dies zu erreichen fassen Sie den Hund unter dem Hals, heben ihn vorn ein wenig an und setzen seine Beine sanft wieder auf. Indem Sie die Vorderbeine, eins nach dem anderen, in die richtige Position stellen können Sie dann noch den Stand der Füße korrigieren. Die Hinterhand muß parallele Sprunggelenke zeigen, gut gewinkelt gegenüber dem Boden. Dies erreichen Sie, indem Sie sich hinter den Hund stellen, die Leine mit der linken Hand halten und erst das eine und dann das andere Hinterbein in die richtige Position bringen. Mit Ihrer freien Hand halten Sie schließlich die Rute nach oben.
Sie sollten täglich zweimal, etwa zehn bis 15 Minuten, mit dem Ausstellungshund üben. Achten Sie darauf daß Ihr Hund sich nicht langweilt denn er sollte auf der Ausstellung einen fröhlichen Eindruck machen und nicht aussehen, als ob er eine un-geliebte Pflicht vollzieht. Ich rate Ihnen, ihm vor und nach jeder „Übungsstunde" fünf Minuten Freiheit zu geben, zu spielen und ihn besonders zu beachten. Dann lernt er auf die Dauer, daß die Übungszeiten Spaß machen.
Bevor Sie Ihren Havaneser ausstellen sollten Sie mindestens eine Schau als Zuschauer besuchen. Sie können erfahrene Aussteller und Hunde bei Ihrer Arbeit beobachten. Sie müssen selbst genau wissen, was Sie tun und wie Sie es tun, bevor Sie Ihren Hund ausbilden. Sie müssen wissen, wie man sich im Ring bewegt, wie lang Ihre Schritte sein dürfen, damit Ihr Havaneser korrekt trabt, wie Sie ihn auf den Tisch stellen und korrekt aufstellen.

Leben als Ausstellungshund
Wenn Sie Ihren Hund ausstellen wollen, gibt es jedoch noch mehr, was Sie bedenken müssen.
Ein Ausstellungshund muß ständig beaufsichtigt und gepflegt werden. Sie können ihm nicht erlauben im

Auf der VDH-Europasieger-Zuchtschau wurde Sandra's „Fantastic Mr. Florence", Besitzerin Erika Fassott, Sieger seiner Rasse.

Garten zu graben, durch die Brombeerhecken im Park zu rennen oder mit Welpen zu spielen, weil all dies sein Fell beschädigt. Ich meine damit nicht, daß Sie Ihren Hund als Gefangenen halten sollen, wie es manche Aussteller tun. Dies wäre ein Mißbrauch und schädlich für seine physische und psychische Gesundheit. Es ist jedoch einleuchtend, daß Sie ein paar Vorsichtsmaßnahmen ergreifen müssen wenn Sie einen Ausstellungshund haben, die Sie beim Familienhund nicht bedenken müssen.
Der Pflege seines Felles müssen Sie besondere Aufmerksamkeit schenken, wenn Sie Ihren Havaneser ausstellen wollen.
Der Ausstellungshund sollte außerdem perfekt sozialisiert sein. Im Ring muß er sich zusammen mit anderen Hunden bewegen, die er weder angreifen noch fürchten soll. Um dieses Verhalten zu erreichen müssen Sie ihn schon beim Üben mit anderen Hunden zusammenbringen sobald seine Impfungen komplett sind.
Es ist auch wichtig für ihn, genügend Bewegung zu haben, damit er perfekt in Form ist und so auch weniger leicht ermüdet. Außerdem hat eine gute Bemuskelung einen positiven Einfluß auf die Bewegung und das

Viele Stunden Training mit dem Havaneser lohnen den Aufwand, wenn Ihr Hund sich im Ring wie ein Profi bewegt.

Gangwerk Ihres Havanesers im Ring. Gewöhnen Sie Ihren Ausstellungshund daran, von Zeit zu Zeit zwei oder drei Stunden in einem Käfig zu verbringen. Auf großen Schauen, an denen auch andere Hunderassen teilnehmen, ist es wichtig für ihn, sicher untergebracht zu sein.
Denken Sie daran, bevor Sie zur Ausstellung gehen, müssen Sie Ihren Havaneser baden und vorsichtig kämmen (scheiteln Sie das Haar nicht mit dem Kamm!). Wenn Sie im Ausstellungsgelände Ihren Ring gefunden haben kämmen und bürsten Sie Ihren Hund ein letztes Mal durch, bevor er in den Ring geht. Nehmen Sie immer einen Wassernapf und ein paar Leckerbissen mit.
Während Sie warten bis Sie Ihren Hund vorführen dürfen, halten Sie Ihren Hund im Käfig ruhig. Erlauben Sie ihm nicht, frei herumzulaufen. Sorgen Sie lieber dafür, daß er zufrieden und ausgeruht ist, damit er sich dem Richter in bester Manier präsentiert.

Die Konkurrenz zwischen den Jugend-Klassen ist gewöhnlich stärker als in den Champion-Klassen.

Das Ausstellungswesen

Für den Neuling sieht die Vorstellung eines Havanesers im Ausstellungsring leicht aus. Man braucht jedoch viel harte Arbeit und Hingabe um

auf großen Ausstellungen, wie zum Beispiel der berühmten Crufts, zu siegen. Immer gehört jedoch auch etwas Glück dazu!
Zunächst stellt der Neuling im Hundewesen fest, daß jede Hunderasse zuerst gegen Mitglieder der eigenen Rasse antritt. Wenn der Richter die besten Vertreter jeder Rasse ausgesucht hat konkurrieren diese Hunde mit den anderen Vertretern ihrer Rassegruppe. Zum Schluß werden die besten jeder Gruppe gegeneinander um den Titel „Best in Show" und „Reserve Best in Show" antreten.
Im Grunde jedoch konkurrieren nicht die Hunde miteinander. Der Richter vergleicht jeden Hund mit dem Rassestandard, der eine Beschreibung des idealen Rassevertreters darstellt. Dieser imaginäre Hund ist niemals im Ausstellungsring präsent gewesen, wurde niemals gezüchtet und zum großen Kummer der Hündezüchter auf der ganzen Welt, existiert er nicht wirklich. Die Züchter versuchen, so nah wie möglich an dieses Ideal heranzukommen, Wurf für Wurf. Aber der theoretisch perfekte Hund ist eine solche Illusion, daß er eine Unmöglichkeit darstellt (und wenn der „perfekte" Hund jemals geboren würde könnten sich Züchter und Richter niemals darüber einigen das wirklich er der „Perfekte" ist).
Wenn Sie Interesse daran haben Ihren Havaneser auszustellen, sollten Sie dem Verband Deutscher Kleinhundezüchter e. V. beitreten. Die Adresse finden Sie auf Seite 151 dieses Buches. Dieser Verband veranstaltet häufig Spezialschauen, gibt Informationen heraus und bietet außerdem die Möglichkeit, Menschen kennen zu lernen, die Ihre Interessen teilen und häufig großzügig mit guten Ratschlägen sind.
Es gibt verschiedene Arten von Ausstellungen in Deutschland. Vom Kleinhundeverein werden Schauen veranstaltet zu denen ausschließlich Kleinhunde zugelassen sind. Um an einer solchen Schau teilnehmen zu können muß Ihr Havaneser FCI-Papiere haben und geimpft sein; vorgeschrieben ist die Tollwut-Impfung, jedoch sollte er zu seinem eigenen Schutz auch gegen die anderen, häufig vorkommenden Infektionskrankheiten, geimpft sein. Die Ausstellungen sind in verschiedene Klassen eingeteilt. Die Jüngstenklasse, in der Hunde von 6 bis 9 Monaten gemeldet werden können, die Jugendklasse, in der Hunde zwischen 9 und 18 Monaten gegeneinander antreten, die Offene Klasse, an der Hunde ab 15 Monaten teilnehmen und die Sieger- bzw. Champion-Klassen, in denen Hunde gemeldet werden können, die bereits Titel errungen haben. Ebenfalls gibt es Veteranen- und Ehrenklassen, in denen Sie Ihren Havaneser auch außer Konkurrenz vorstellen können.
In der Jüngsten- und Jugendklasse wird perfektes Verhalten sicherlich noch nicht von den Hunden erwartet. Später jedoch müssen sie so gut trainiert sein, daß sie sich im entscheidenden Augenblick optimal dem Richter präsentieren.
Es gibt in Deutschland auch Ausstellungen zu denen alle Rassen zugelassen sind, die sogenannten CACIB-Schauen. Auf diesen Ausstellungen können die Anwartschaften für den Internationalen Champion errungen werden. Wie in Großbritannien werden auch in Deutschland mehrere

Anwartschaften unter verschiedenen Richtern, für den Internationalen Champion sogar aus verschiedenen Ländern, gefordert. Die bekanntesten Ausstellungen für alle Rassen sind die in jedem Frühjahr und Herbst in Dortmund stattfindenden Europasieger- und Bundessieger-Ausstellungen. Auf diesen Schauen kann außer der Anwartschaft der Titel Europasieger oder Bundessieger, direkt errungen werden. Zu diesen Veranstaltungen kommen Hunde aus dem gesamten Bundesgebiet und aus dem Ausland so daß der Konkurrenzkampf recht hart ist. Sowohl für den Hund als auch für Sie als Besitzer ist es sicher vernünftiger, mit einer der kleineren Schauen zu beginnen.

Wenn Sie auf Ihrer ersten Ausstellung nicht gleich unter den ersten Dreien sind, seien Sie nicht enttäuscht. Üben Sie mit Ihrem Havaneser, es kommt im Ring oft auf Sekunden an, in denen der Richter sich Ihrem Hund zuwendet und Ihr Hund sich optimal präsentieren muß. Mit Geduld und viel Training werden Sie sicher eines Tages in vorderster Linie stehen. Denken Sie daran, daß alle erfahrenen Aussteller einmal wie Sie begonnen und viele Trainingsstunden investiert haben, um Erfahrungen zu sammeln. Wenn Sie allerdings feststellen, daß Ihr Hunde jedesmal hinten steht und niemals eine positive Bewertung bekommt, müssen Sie sich vielleicht eingestehen, daß er sich für die Ausstellung nicht unbedingt eignet. Dann sollten Sie eine andere Beschäftigung für sich und Ihren Freund suchen.

Fédération Cynologique Internationale (FCI)

Die Fédération Cynologique Internationale wurde 1911 gegründet und stellt den Welt-Zuchtverband dar, das internationale Medium, das Einheit in die Zucht und das Richter- und Ausstellungswesen von reinrassigen Hunden bringt. Obwohl die FCI ursprünglich nur europäische Mitglieder hatte, zum Beispiel Frankreich, Holland, Österreich und Belgien, umfaßt die Organisation heute Länder auf sechs Kontinenten und betreut über vierhundert Hunderassen. Das Hauptquartier befindet sich in Belgien. Es gibt drei Titel, die von der FCI verliehen werden; der Internationale Champion, welcher der Prestigeträchtigste ist, der Internationale Schönheits-Champion, der durch Anwartschaften in verschiedenen Ländern errungen werden muß und der Internationale Arbeits-Champion, der auf der Teilnahe an Gehorsamswettkämpfen in verschiedenen Ländern basiert. Die Quarantänebestimmungen in England und Australien hindern die meisten Aussteller aus diesen Ländern daran, an FCI-Ausstellungen teilzunehmen. Der Rest der europäischen Union partizipiert jedoch gern diese eindrucksvollen Hundespektakel, von denen die Welthundeausstellung das Größte ist. Sie findet jedes Jahr in einem anderen Land statt. Die FCI sponsort sowohl nationale als auch internationale Ausstellungen. Das Gastgeberland stellt das Richtersystem, die Rassestandards richten sich jeweils nach dem Ursprungsland der Rasse.

Register

Foto: Fototeam Roberto

Bibliografische Information der Deutschen Nationalbibliothek
Die Deutsche Nationalbibliothek verzeichnet diese Publikation in der Deutschen Nationalbibliografie; detaillierte bibliografische Daten sind im Internet über http://dnb.d-nb.de abrufbar.

Eugen Ulmer KG
Wollgrasweg 41, 70599 Stuttgart (Hohenheim)
7. Auflage
Internet: www.ulmer.de
Fachliche Durchsicht: Sandra Block
Umschlag: Sojus, Kai Twelbeck, Stuttgart
Titelfoto: Tierfotoagentur.de/D. Baum
Druck und Bindung: Samhwa Printing Co. LTD.
Seoul
Printed in Korea

ISBN 978-3-8001-6793-7

Mein Havaneser

Kleben Sie das erste Foto Ihres Welpen hierher

Name des Hundes ______________________________

Datum ______________ Fotograf ______________________